达拉特旗气象灾害防御规划

杨　斌　主编

内容简介

本书介绍了鄂尔多斯市达拉特旗气象灾害时空分布特征，开展了气象灾害风险区划，分析了气象灾害对全市各行业的影响，制定了气象灾害防御的相关措施等。本书内容翔实，资料可靠，为科学防御气象灾害、部署防灾减灾工作，促使经济社会又好又快发展等具有重要作用和参考价值。

图书在版编目(CIP)数据

达拉特旗气象灾害防御规划/杨斌主编. —北京：气象出版社，2013.12

ISBN 978-7-5029-5875-6

Ⅰ.①达… Ⅱ.①杨… Ⅲ.①气象灾害-灾害防治-达拉特旗 Ⅳ.①P429

中国版本图书馆 CIP 数据核字(2013)第 319110 号

出版发行：气象出版社

地　　址：北京市海淀区中关村南大街 46 号　　**邮政编码**：100081

总 编 室：010-68407112　　**发 行 部**：010-68409198

网　　址：http://www.cmp.cma.gov.cn　　**E-mail**：qxcbs@cma.gov.cn

责任编辑：隋珂珂　　**终　　审**：黄润恒

封面设计：博雅思企划　　**责任技编**：吴庭芳

印　　刷：北京京华虎彩印刷有限公司

开　　本：787 mm×1092 mm　1/16　　**印　　张**：5.125

字　　数：132 千字

版　　次：2013 年 12 月第 1 版　　**印　　次**：2013 年 12 月第 1 次印刷

定　　价：48.00 元

本书如存在文字不清、漏印以及缺页、倒页、脱页等，请与本社发行部联系调换

《达拉特旗气象灾害防御规划》编委会

主　编：杨　斌

副主编：张正英　陈京勇

成　员：焦志荣　徐　健　李建光　呼斯乐

杨　玲　张　乐

序

达拉特旗属典型的温带大陆性季风气候，夏季炎热，冬季漫长而寒冷。境内干旱、暴雨、冰雹、大风、霜冻等自然灾害多发频发，特别是受全球气候变暖影响，气象灾害逐渐呈突发性强、种类多、频率高等特点，给全旗经济社会可持续发展和人民群众生命财产安全带来了严重威胁。为全面提升达拉特旗气象灾害综合防御能力和水平，按照《气象灾害防御条例》要求，旗人民政府组织气象部门及有关部门专家，大量查阅资料，深入研究分析，反复论证完善，历时两年编制完成了《达拉特旗气象灾害防御规划》（以下简称《规划》）。《规划》通过对达拉特旗近40年气候资料的对比分析，系统总结了全旗气象灾害的时空分布、灾害指标、风险区划等规律，并提出了不同灾害、不同行业、不同区域的防御对策，以及组织管理、基础建设和保障措施等方面的内容。

《规划》集科学性、战略性、前瞻性于一体，且具有较强的指导性和可操作性，对今后一个时期政府指导气象防灾减灾体系建设，强化气象防灾减灾能力，提升气象综合服务水平，保障经济社会又好又快地发展具有十分重要的作用。在此，也向为《规划》编制付出辛勤劳动的气象系统及有关方面的领导、专家表示衷心的感谢！

达拉特旗人民政府副旗长

2013年11月

前　言

达拉特旗位于内蒙古自治区西南部，地处鄂尔多斯高原北部，黄河南岸，北与包头市隔河相望，东、南、西面分别与准格尔旗、东胜区、杭锦旗接壤，达拉特旗全旗总面积8241.07平方千米，旗政府驻树林召镇。达拉特旗境内山川相间，地质复杂，气候稳定性差，气象灾害种类多，发生频率高。降水量时空分布不均匀，降水变率大，保证率低。干旱、暴雨、冰雹、雷电、霜冻、高温、寒潮、大风及沙尘暴等是主要的气象灾害。特别是近年来极端天气多发频发，造成气象灾害增多，对达拉特旗经济社会发展和人民生命财产安全构成日益严重的威胁，气象灾害防御已经成为国家公共安全的重要组成部分，成为政府履行社会管理和公共服务职能的重要体现，是国家重要的基础性公益事业。

一、目的意义

气象灾害防御规划是气象灾害防御工程性和非工程性设施建设及城乡规划、重点项目建设的重要依据，也是全社会防灾减灾的科学指南。以《国家气象灾害防御规划》为指导，科学地编制《达拉特旗气象灾害防御规划》，对于进一步加强气象灾害的科学预测和预防，加快气象防灾减灾体系建设，强化防灾减灾能力和应对气候变化能力，最大限度地趋利避害和减少气象灾害造成的损失，提高抵御自然灾害能力，具有重大的现实意义。

二、编制依据

依据《中华人民共和国气象法》、《中华人民共和国突发事件应对法》、《气象灾害防御条例》、《国家气象灾害防御规划》和《国务院关于加快气象事业发展的若干意见》、《国务院办公厅关于进一步加强气象灾害防御工作的意见》、《内蒙古自治区气象条例》、《内蒙古自治区气象灾害防御条例》等法律、法规、文件，编制《达拉特旗气象灾害防御规划》（以下简称《规划》）。

三、适用范围与期限

规划适用范围：本《规划》是达拉特旗气象灾害防御工作的指导性文件，适用于达拉特旗区域内。

四、规划期限

规划期为2010—2020年，规划基准年为2010年。

编者

2013年9月

目　录

第 1 章　指导思想、原则和目标

1.1　指导思想

以科学发展为主题，认真贯彻落实《气象法》、《气象灾害防御条例》等法律法规，以保护经济发展成果，最大限度地减少经济损失，确保人民生命财产安全为主要目的。气象减灾工作从灾后救助向灾前预防转变，从单一灾种向综合减灾转变，从减轻灾害损失向减轻灾害风险转变，以防御重大、突发性气象灾害为重点，着力加强灾害监测预警、防灾减灾、应急处置工作，建立健全“政府主导、气象部门协助政府组织、相关部门协作配合、全社会参与”的气象防灾减灾体系，为达拉特旗经济社会发展跨上新台阶提供保障。

1.2　基本原则

坚持以人为本，趋利避害　在气象灾害防御中，把保护人民的生命财产放在首位，完善紧急救助机制，最大限度地降低气象灾害对人民生命财产造成的损失。改善人民生存环境，加强气象灾害防御知识普及教育，实现人与自然和谐共处。

坚持预防为主，防、避、抗结合　气象灾害防御立足于预防为主，防、抗、避、救相结合，非工程性措施与工程性措施相结合。大力开展防灾减灾工作，集中有限资金，加强重点防灾减灾工程建设，着重减轻影响较大的气象灾害，并探索减轻气象次生灾害的有效途径，从而实行配套综合治理，发挥各种防灾减灾工程的整体效益。

坚持实用有效　气象灾害防御规划的编制应符合达拉特旗防灾减灾的实际，资料掌握力求翔实，技术手段力求科学，广泛征求相关部门的意见和建议，不摆“花架子”，不作“表面文章”，切实为达拉特旗防灾减灾工作提供科学依据。

坚持依法防灾，科学应对　气象灾害的防御要遵循国家和内蒙古自治区有关法律、法规及规划，并依托科技进步与创新，加强防灾减灾的基础和应用科学研究，提高科技减灾水平。经济社会发展规划以及工程建设应当科学合理，气象灾害防御工程的标准应当进行科学的论证，防灾救灾方案和措施应当科学有效。

1.3　气象灾害防御目标与任务

1.3.1　目标

(1)总体目标。加强气象灾害防御监测体系、预测预报平台和预警发布系统建设，建成结构完善、功能先进、软硬结合、以防为主和政府领导、部门协作、全社会参与的气象防灾减灾体系，提高全社会防御气象灾害的能力。建设旗、苏木镇、村三级预警信息发布平台；完善气象电子显示屏、小区广播等发布系统，着力加强牧区气象信息接收设施建设，使全旗预警信息覆盖率达95%以上，基本实现全旗公民至少能有一种方式接收到气象信息；建成布局适当的综合气象观测系统，基本实现全天候、多要素、高时空分辨率的连续自动观测，大范围灾害性天气监测率达 95%，突发灾害性天气监测率达 85%以上；重大突发性灾害天气警报能在 15～30 分钟之前发出。灾害性天气 24 小时预报准确率提高 3%～5%。完善十大孔兑的防洪排涝工程和全旗水库、淤地坝加固工程；完成黄河达拉特旗境内的险工险段加固建设工程；加强气象条件所引发的交通、电力等公共安全工作。

(2)近期目标(2010—2015 年)。分析达拉特旗气象灾害总体态势与主要灾害时空分布特征，评估气象灾害发展趋势对各相关行业的影响，提出气象防灾减灾对策，最大限度地减轻各种气象灾害对达拉特旗经济社会发展的影响，确保人民群众生命财产安全。加强气象灾害综合监测预警网络建设，开发气象灾害政府应急防御平台。初步建成气象灾害重点防治区非工程措施与工程措施相结合的综合气象防灾减灾体系，加快农村牧区防灾减灾体系建设，加强农牧业气象灾害监测预警和气象信息接收设施建设，建立和完善农村牧区综合监测网，建设农村牧区防雷示范工程推广项目，完善交通防灾减灾等措施。

(3)远期目标(2016—2020年)。按照鄂尔多斯市经济社会发展总体规划、任务和要求，加快气象防灾减灾工程和非工程体系的建设。建成气象多灾种预报预警系统，加大气象灾害易发区域的工程治理力度，实施重点水利工程；按照城市规划要求，中心城市、经济开发区防洪工程按100年一遇标准建设；提升主要中心城镇和重点工业园区防洪排涝建设能力，按50年一遇防洪，30年一遇排涝标准完善配套；加强黄河流域和十大孔兑治理，达到50年一遇标准；使各类防汛防旱、城市防洪、交通防灾等工程性建设基本适应达拉特旗全面建设小康社会发展的要求，进一步推动达拉特旗气象防灾减灾事业的全面发展。

1.3.2 主要任务

(1)完成达拉特旗灾害风险评估和综合区划。查清达拉特旗气象灾害的分布、发生发展规律及形成的原因，编制全旗分灾种气象灾害风险图，划分干旱、大风、沙尘暴、霜冻、暴雨(雪)、寒潮、雷电等气象灾害重点防御区。

(2)推进气象灾害防御应急体系建设。以建立全社会气象灾害防御体系为目标，逐步形成防御气象灾害的分级响应、属地管理的纵向组织指挥体系和信息共享、分工协作的横向部门协作体系。建立和完善《重大气象灾害应急预案》、《防洪抗旱应急预案》、《小流域山洪防洪专项预案》、《雷电灾害应急预案》等专项预案。进一步细化各部门和乡镇各灾种专项气象灾害应急预案，组织开展经常性的预案演练。

(3)完善气象灾害监测预警平台建设。按照气象防灾减灾的要求，建立“统一业务、统一服务、统一管理”的气象灾害监测预警平台，建成综合观测、数据传输和处理、预报预警、信息发布为一体的气象业务系统，不断提高气象灾害精细化预报预警能力。气象灾害监测预警信息服务受众面达90%以上。

(4)提高暴雨洪涝防御能力建设。针对可能发生的暴雨洪涝灾害，制定防御方案，为各级防汛指挥部门实施指挥决策和防洪调度、抢险救灾提供依据。建立各部门协同作战机制，做到防御标准内暴雨洪涝不出险不出事，通过科学调度和全力抢险，确保重要水利工程的安全，避免人员伤亡，减少经济损失。

（5）完善城镇和区域防洪排涝设施。与现有城市规划相配套，进一步加强重点城镇防洪工程建设，城镇新区建设地面标高达到有关防洪排涝要求，避免镇区内涝成灾。

（6）加强山洪和地质灾害防治工作。加强对严重危及人民生命财产安全的黄河沿线及十大孔兑等重要灾害隐患点以及山洪沟的实地勘查、治理或落实避让措施；以强化监管和动态监测为重点，巩固前期工程成果，预防和有效遏制因气象灾害引发的突发性山洪和地质灾害以及人为引发地质灾害隐患的形成，完成其他一般防治点的防治工作。

第 2 章　气象灾害防御现状

2.1　气象灾害概述

全旗由于地貌复杂，气候随海拔高度的不同，地形的不同，所属地域受各种气象灾害的程度也不同，北部为黄河南岸冲积平原区，海拔在 1000～1100 m 之间，约占总面积的 19%，无霜期长，多干旱、高温、冰雹等，偶有洪水泛滥，洪涝之灾；中部为库布其沙漠区，海拔高度在 1100～1300 m 之间，约占总面积的 54%，雨水略多，干旱、洪涝、山洪、冰雹、寒潮、霜冻等多种灾害易发，水土流失、地质灾害偶有发生；南部为低山丘陵沟壑区，海拔在 1300～1500 m 之间，约占总面积的 27%，多平原、沙丘带，故少雨、多风沙、多干旱、冰雹、高温、洪涝等。

影响全旗农牧业生产的主要气象灾害为干旱、霜冻、暴雨、冰雹、大风等。

2.2　防御工程现状

2.2.1　工程设施现状

达拉特旗境内的山洪沟主要是“十大孔兑”，为黄河一级支流，均在中生界下白垩系地层下切而成。流域总面积 5718 km^2，其中产流面积 3775 km^2，均发源于鄂尔多斯台地梁上，从南向北流向进入黄河。从发源地到入黄河口处，高差达 300～500 m，最高达 587 m。其次，境内有内河流 12 条，全部集中于中和西镇和恩格贝镇，总集水面积 494.28 km^2。河流最长的 51.6 km，最短的 3 km，流域面积最大的为 272.17 km^2，最小的 4.5 km^2。

2.2.2　重点防洪工程现状

1. 黄河流域

黄河鄂尔多斯达拉特旗段，位于黄河南岸。从一级支流毛不拉孔兑入黄口处入境，流经中和西镇、恩格贝镇、昭君镇、展旦召苏木、树林召镇、王爱召镇、白泥井镇、吉格斯太镇八个苏木(镇)，于吉格斯太镇梁长河头出境，境内河道长度 190 km。该段河道分别位于 2 个河段，分别是三湖河口至昭君坟段和昭君坟至蒲滩拐段。

三湖河口至昭君坟：该河段黄河沿乌拉山山前倾斜平原，南岸为鄂尔多斯台地，河段长 126.2 km。该段河道由于挟带大量泥沙，淤堵黄河主槽，形成沙坝，致使山洪孔兑入黄口处黄河水位壅高，有时可造成堤防决口成灾。本河段河宽 2000～7000 m，平均宽约 4000 m。主槽宽 500～900 m，平均宽约 710 m，河道纵比降 0.12‰，弯曲率 1.45。

昭君坟至蒲滩拐：该河段黄河自包头折向东南，沿北岸土默特川平原南岸鄂尔多斯台地奔向蒲滩拐，河段长 214.1 km。该河段河道较窄，河身弯曲，凌汛期易形成冰塞、冰坝等特殊冰情，造成大的险情。本河段河宽 1200～5000 m，上游较宽，平均为 3000 m，下段较窄，平均约 2000 m，主槽宽 400～900 m，平均宽 600 m。河道纵比降 0.10‰，弯曲率 1.42。

2. 防洪能力现状

达拉特旗黄河堤防工程建于新中国成立初期，后又经过多年建设，黄河达拉特旗段已建成 160.104 km 堤防，19 处险工及控导工程。黄河达拉特旗堤防是抗御洪水的主要屏障，黄河现有堤防全长 160.104 km，按 50 年一遇 5920 m^3/s 流量标准设计，全长 55 km，极少部分段落堤防背水侧用泥浆泵淤填或固塘。2009 年经市、旗政府投资，对达拉特旗境内的 77.87 km 堤防进行加培及填塘固基，工程建成后将进一步提高堤防的防御能力。

3. 水库方面

达拉特旗在册水库 11 座，其中小(1)型 10 座，中型 1 座，达拉特旗黄河堤防工程是达拉特旗抗御洪水的主要屏障，工程大多建于新中国成立初期，后又经过多年建设，现已建成堤防 160.104 km(堤防桩号：231＋975—406＋870)。

4. 山洪沟方面

达拉特旗境内沟川较多，河道弃渣、采砂、河道内临建等阻碍行洪障碍物时有出现，在沟道没有系统规划的情况下进行清理整治的难度很大。达拉特旗较大的沟川需统一规划，分别轻重缓急，逐年整治。

5. 淤地坝方面

达拉特旗共建成淤地坝204座(截至2012年底),其中:骨干坝80座,中小型淤地坝124座,部分淤地坝已达到或即将达到淤积年限,需逐年培修加固。

2.3　非工程减灾能力现状

近年来,达拉特旗气象现代化建设水平明显提高。已拥有23门防雹高炮、4套架增雨火箭发射架、31个区域气象自动站,启动了"达拉特旗气象防灾减灾体系建设"和正在建立并逐步完善投入使用的"达拉特旗为农服务体系建设"两大工程,基本建成乡镇信息终端、农村气象直播系统、气象应急流动广播系统、气象短信预警平台等,建立了8个乡镇气象预警电子屏,基本实现气象预报预警信息的快速发布,但预警信息覆盖率仍然不高。

同时,制定了《气象灾害应急准备工作认证管理办法》,气象灾害社会化管理水平和全社会主动防灾意识得到提升。气象灾害防御与乡镇气象工作网络体系建设纳入旗政府目标责任制考核。各乡镇明确了气象工作分管领导,落实了责任制,所有乡镇都建立了气象灾害应急响应预案。依托气象灾害预警中心业务平台和气象信息分发服务系统,初步建立了政府突发公共事件预警信息发布平台,可转发和传递上级发布的突发公共事件预警信息,实现统一业务、统一服务、统一管理。

政府发文成立了达拉特旗气象防灾减灾办公室,并落实了相关职责,建立了汛期防灾预案、灾情速报制度、险情巡查制度、汛期值班制度和建设用地地质灾害危险性评估制度等一系列相关制度,加强了地质灾害防治工作的资质管理,提高了防治质量和水平,已初步建成旗、乡、村三级群测群防防灾网络。

2.4　存在问题

现有的气象灾害监测预警平台还不够完善,高速公路大雾、大风、暴雨(雪)以及山洪、地质灾害等的监测能力仍然不足。各部门信息尚未做到实时共享，突发气象灾害和次生灾害预警能力较低。预警信息发布尚未做到全天候、无缝隙和全覆盖。

对照经济社会发展要求，防灾减灾工程体系标准不高，对重大气象灾害的防御能力仍显不足。随着城市化进程加快，一些建筑活动对防灾减灾工程或防灾体系造成了影响和破坏，致使防灾减灾工程难以充分发挥效用，部分山塘、堤坝、排涝泵站等工程存在不同程度的老化，防御重大洪涝的能力较为薄弱。

基层和公众气象灾害主动防御能力不足、应急能力弱，社会减灾意识不强，防灾减灾法规不健全，缺乏科学的气象灾害防御指南，气象灾害防御知识培训不够普及，防灾减灾综合能力薄弱，全社会气象防灾减灾体系有待进一步完善。

第 3 章　自然环境与社会经济背景

气象灾害的形成及其成灾强度，既决定于自然环境变异而形成的灾害频度和强度，也受制于人类活动的影响，还取决于经济结构和社会环境。孕灾环境是孕育灾害的“温床”，是岩石圈、大气圈、水圈、生物圈和物质文化圈等组成的相互联系、相互作用的综合地球表面环境，即是由下垫面地理因子、气候系统、社会经济等三部分组成。

3.1　地理位置

达拉特旗地处内蒙古自治区西南部，鄂尔多斯高原北端，黄河中游南岸。地理坐标在 40°00′～40°30′N、109°00′～110°45′E 之间。东与准格尔旗接壤，南与东胜区毗连，西与杭锦旗相邻，北与草原钢城包头隔河相望(图 3.1)。旗

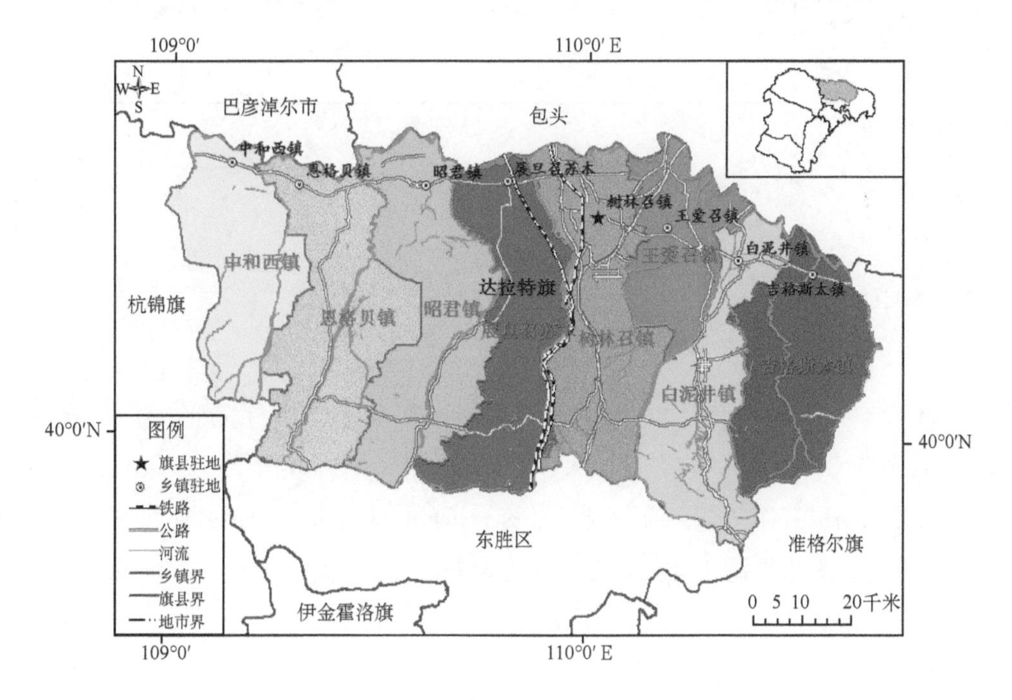

图 3.1　达拉特旗地理位置图

府所在地树林召镇距呼和浩特市 150 km，距包头机场 25 km。旗境东西长 133 km，南北宽 66 km，总面积 8241.07 km^2，总人口 35 万人，辖 7 个镇、1 个苏木，居住着除汉族外有蒙、回、满、朝鲜、苗、达斡尔、壮、藏等 14 个少数民族，全旗现有可耕地面积 8.397 万公顷，有林地 13.3 万公顷，牧草地 39.1 万公顷，渔池占地 322 公顷。旗府树林召距钢城包头 37 km，东倚自治区首府呼和浩特 180 km。

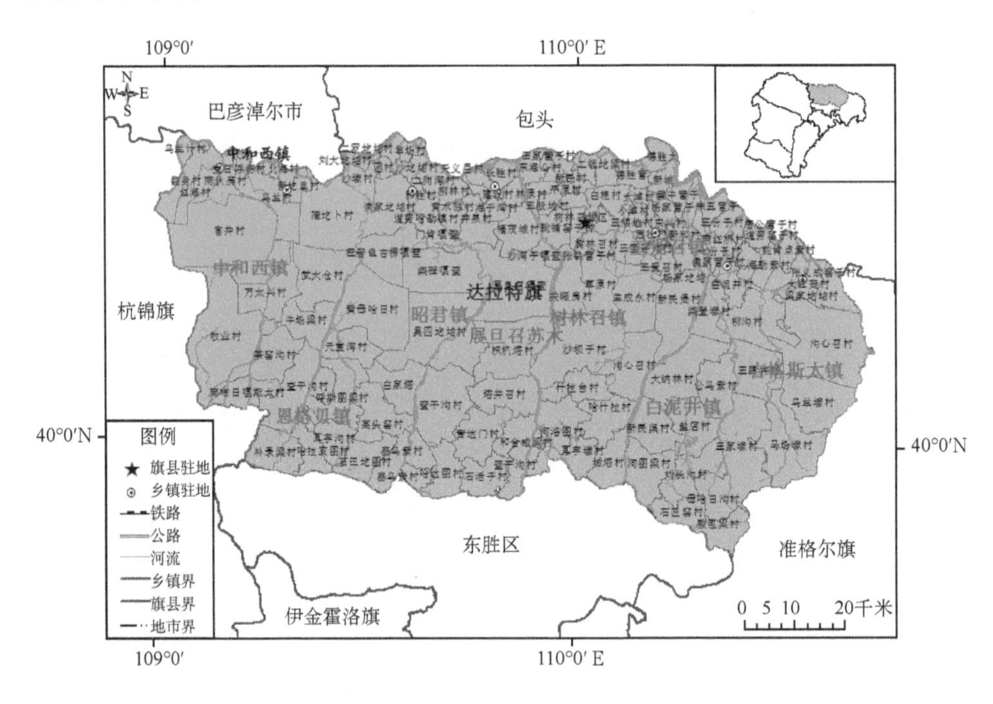

图 3.2　达拉特旗行政区域图

3.2　地形特征

美丽富饶的达拉特位于自治区西南部，黄河中游南岸，鄂尔多斯高原北端。（图 3.3）。全旗地形南高北低，海拔高度由 1500 m 降至 1000 m。分三大自然类区，俗有“三山五沙二分滩”之称。南部属鄂尔多斯台地北端，系丘陵土石山区，土壤属栗钙土类，矿藏丰富，地势起伏较大，水土流失严重，中部为库布其沙漠带，土壤属沙壤土，宜林宜牧，水土流失特别严重，北部为黄河冲积平原，地势平坦，土壤属灌淤草甸土类，是国家商品粮基地和国家农业开发区。

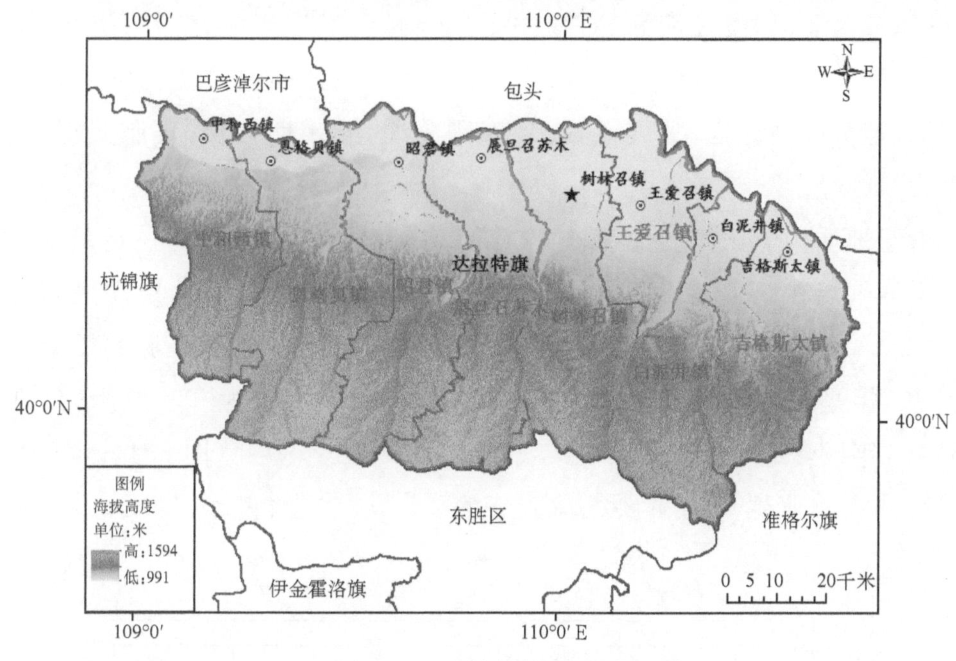

图 3.3　达拉特旗地形图

3.3　地质构造特征

达拉特旗的地貌类型根据形态特征、成因、地质结构和地面组成物质，结合土地利用现状等因素，可分为 3 个地貌类型区。

北部黄河冲积平原区：本区地势平坦，海拔高度 1000～1100 m，土壤属灌淤草甸土类，土壤类型以潮土为主，土质肥沃，水资源丰富，引黄河水灌溉，是国家主要商品粮基地和国家农业开发区。从南至北形成十条季节性河流，即十大孔兑。

中部库布其沙漠区：海拔高度 1100～1300 m。由于土壤属沙壤土，宜林宜牧，水土流失特别严重，还常受境内风沙危害。

南部丘陵土石山区：土壤属栗钙土类，矿藏丰富，地势起伏较大，海拔高度为 1300～1500 m。

3.4　气候概况

达拉特旗远离海洋，大陆性气候突出，属典型的半干旱地区。受季风影响，冬季多西北风，漫长而寒冷，夏季受偏南暖湿气流影响，短暂、炎热、雨水集中，春季风多、少雨，多干旱，秋季凉爽。由于地处中温带又在鄂尔多斯高原北端，地势南高北低，故气温偏暖，四季分明，无霜期较长，日照充足，相对湿度为53%。

由于地质构造比较复杂，因此全旗平均气温时空分布上有一定差异。全旗年平均气温在6.1～7.1℃之间，极端最低温度为－34.5℃，极端最高温度为40.2℃。全旗平均降水量在240～360毫米之间。全年降水主要集中在7—9月，年平均雨量达到311.75毫米。年最大降水量为526毫米，出现在1964年，年极端最小降水量为141.9毫米，出现在1980年(图3.4)。

影响农牧业生产的主要气象灾害有：干旱、冰雹、霜冻、暴雨、山洪和大风等。

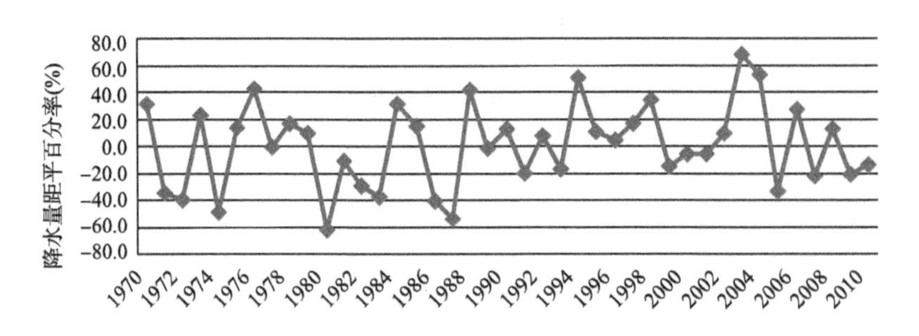

图3.4 达拉特旗降水年际变化图

3.5 河流水系

达旗境内地表径流均属黄河水系，黄河过境全长190千米，流经本旗南北走向的10条季节性河流(孔兑)，均系黄河一级支流，年平均径流量为247亿立方米，自西向东依次是：毛不拉孔兑、布尔斯太沟、黑赖沟、西柳沟、罕台川、壕庆河、哈什拉川、母花沟、东柳沟、呼斯太沟。10条季节河发源于鄂尔多斯台地，穿越库布其沙漠汇入黄河，总流域面积5663 km²，年均向黄河输送泥沙2420万吨，荒漠化和水土流失面积达6369 km²。内流河共有12条，全部集中于稽亥图乡，均为时令河流，发源于丘陵区，终点为库布其沙漠，大部分为干沟，10条季节性河川年平均总径流量15686.1万立方米，河网密度为0.0089 km/km²。

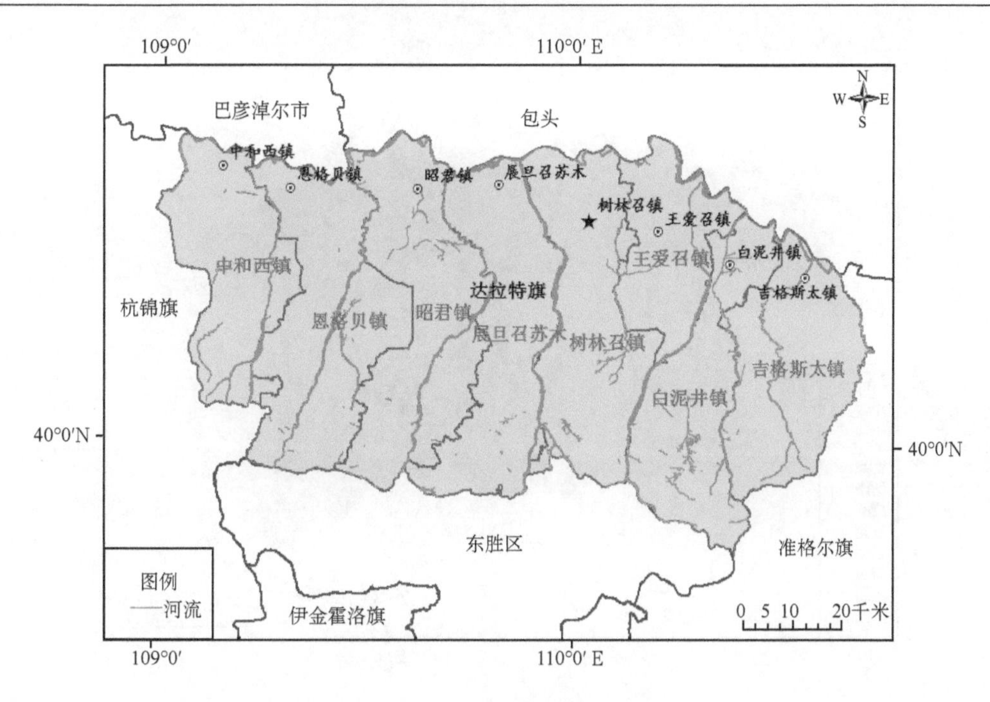

图 3.5　达拉特旗河网分布图

3.6　土地利用/覆被状况

达拉特旗土地利用/覆被状况主要以林地、城镇用地、居民用地、农用耕地、园地、草地为主，其中主要农用地分布在树林召镇、白泥井镇，耕地主要分布在北部沿河、全旗土地总面积 8188 km^2，人均 2.5 公顷。沿河平原有宜农土地 21.83 万公顷，其中，6.9 万公顷亟待开发利用。全旗现有耕地 14.93 万公顷，其中排、灌、路、林综合配套的高标准农田 6.67 万公顷。

3.7　社会经济背景

气象灾害损失大小不仅取决于自然环境和异常天气现象的强度、持续时间、影响范围（面积），而且也决定于受灾区域的经济发展水平、生产力布局状况、人口密度与分布状况、财产易损性（质量）、防灾准备状况、人们的防灾经验与防灾意识、救灾组织及其有效性等因素。经济越发展，人口和城镇密度程度越高，气象灾害可能造成的损失也就越大（图 3.6）。

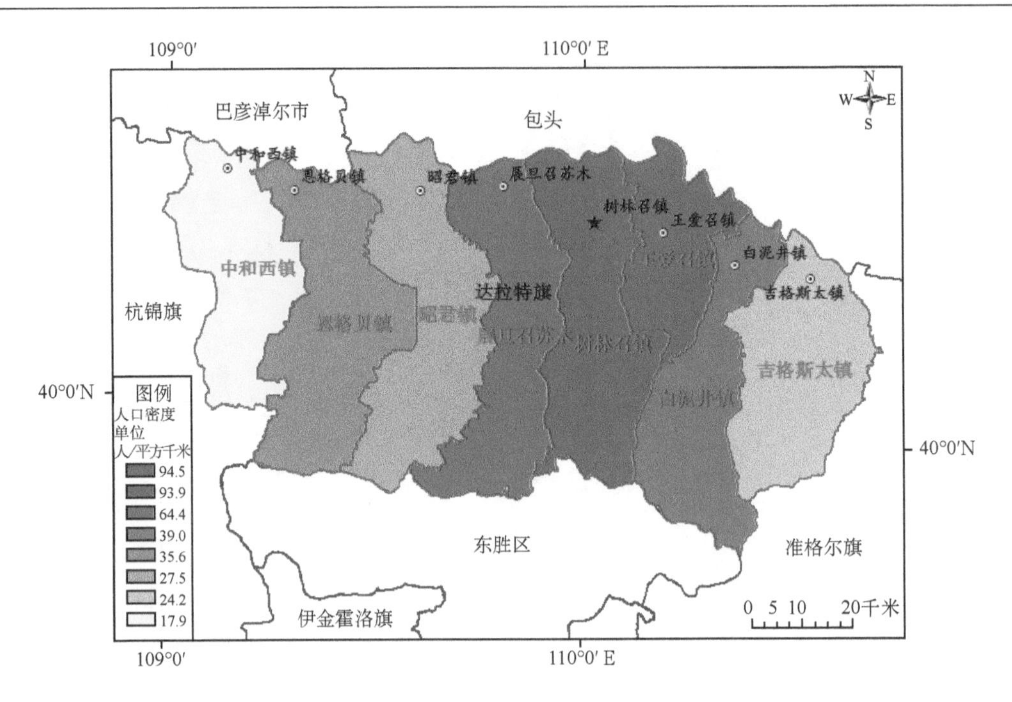

图 3.6 达拉特旗人口密度分布图

达拉特旗地域辽阔，物产资源富集。资源丰富，煤炭、硭硝、石英砂、陶土、天然碱、泥炭等矿产资源品种多、储量大、品位高、易开发。现已探明煤炭储量 98 亿吨，远景储量 322 亿吨，芒硝探明储量 70 亿吨，设计总装机容量 500 万 kW 的达拉特电厂就建于旗政府所在地的树林召镇。已有 6 台 33 万千瓦的机组投入运行。四期首批 2×60 万 kW 机组正在进行前期准备工作。由神华集团、华谊集团和亿利集团三方投资的 100 万吨/年聚氯乙烯，首期建设规模为年产 400 万吨聚氯乙烯、40 万吨离子膜烧碱及配套 2×50 MW 自备热电厂，2006 年 7 月建成投产。建于王爱召镇年产 600 万吨河北新奥集团的阿维菌素项目于 2005 年投入运营。境内有包神铁路、包东高速公路、210 国道、敖德公路纵贯南北，109 国道、阳巴公路横穿东西，与呼包、包东高速公路连为一体，交通运输十分便利。

“十五”以来，达拉特旗借助资源优势和区位优势，认真落实科学发展观，本着“聚精会神搞建设、一心一意谋发展”的理念，充分尊重自然规律、经济规律和社会发展规律，结合达拉特旗实际提出并实施了一系列新的发展措施，实现了经济社会又好又快发展，在 2010 年第十届全国县域经济基本竞争力与科学发展评价中，列为全国百强县第 11 位，较上年前进三个位次。

2010 年全年实现地区生产总值(GDP)338.67 亿元(图 3.7),全旗完成财政收入 40.4 亿元。城镇居民人均可支配收入 21320 元,农村人均纯收入 11394 元,全社会固定资产投资 165.4 亿元。

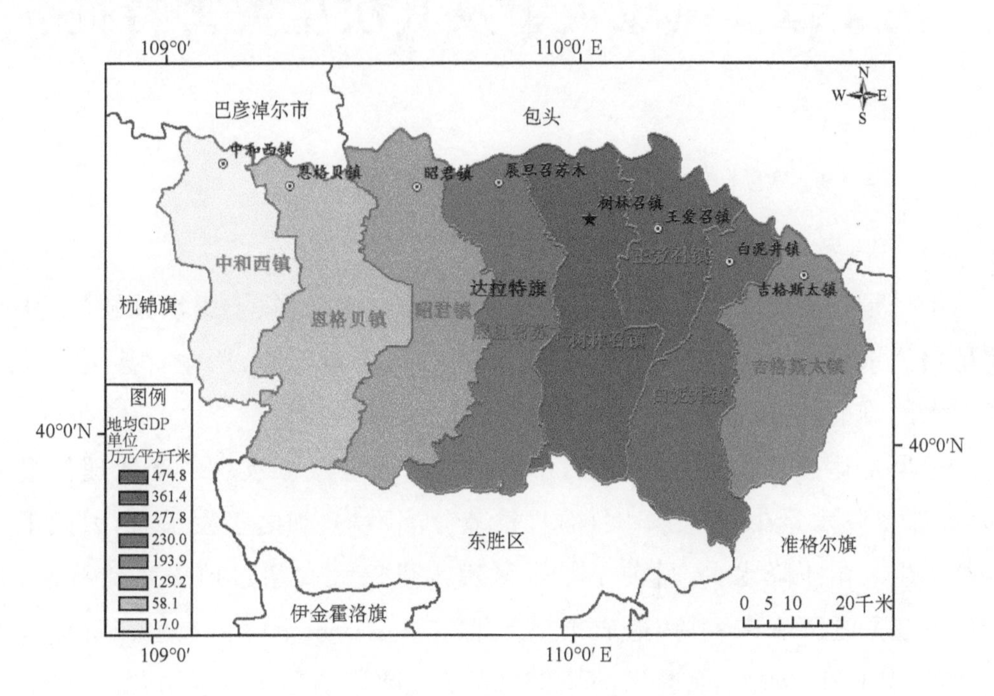

图 3.7　达拉特旗经济密度分布图

第4章 气象灾害及其次生灾害特征

4.1 干旱

干旱是长期无降水或降水显著偏少，造成空气干燥、土壤水分缺失，从而使植物需水供应不足，正常生长发育受到抑制，产量下降，严重时甚至出现人畜饮水困难的气候现象。

干旱是达拉特旗发生最频繁，影响最重的农业气象灾害。受地理位置的影响，这里降水量少，年变率大，而且季节分配不均，加之蒸发量大，因此干旱经常发生。由于降水少，目前干旱农区用水量已大大超过地表水储藏量，只能依靠超采地下水来维持，造成干旱区地下水位严重下降。干旱在直接危害农业的同时，也造成土地退化，近666666.7公顷草场逐步变成了荒漠，已成为制约达拉特旗经济发展的重要因素。

达拉特旗雨量较少，一年四季均可出现干旱，但由于该地区冬季漫长，土壤处于冻结状态，干旱影响较小，农牧业生产主要处于生长季(4—9月)，在进入生长季后，冻土层消融，植物萌发，随着降水大幅度增加，降水在年际和各月分布上也变化很大，干旱时常发生，因此，选取生长季(4—9月)各地降水量资料，进行干旱风险区划。

干旱是长时间缺水造成的一种灾害，因此，确定干旱严重与否，需要将一定时段的降水亏缺进行累加，才能表现干旱最终的影响，其多年平均值才能反映一个地区干旱严重程度。根据本地实际情况，30天内出现明显(50%)降水短缺，就会造成旱情。但在整个生长季中，虽然各月降水亏缺不明显，但持续亏缺也会对土壤水分保持不利，从而影响植物正常生长。因此，选取达拉特旗生长季(4—9月)逐月降水量，分别计算干旱指数，作为判别干旱危险性的指标。

达拉特旗干旱主要以春、夏旱为最多，而夏旱对农作物的影响危害最重，其次是春夏连旱，秋旱次之。

(1)春旱：指发生在3—5月份的干旱，从1970年到2009年统计中看，全旗春旱频率为45％，平均约两年一旱，其中重旱18次，干旱8次，最严重的一年是1995年，春季降水量仅为5.3毫米(图4.1)。春旱出现早的年份从3月初开始，结束晚的持续到7月中旬末，如果遇到春夏连旱还可能持续到8月底，但大多数春旱出现在4—6月份。

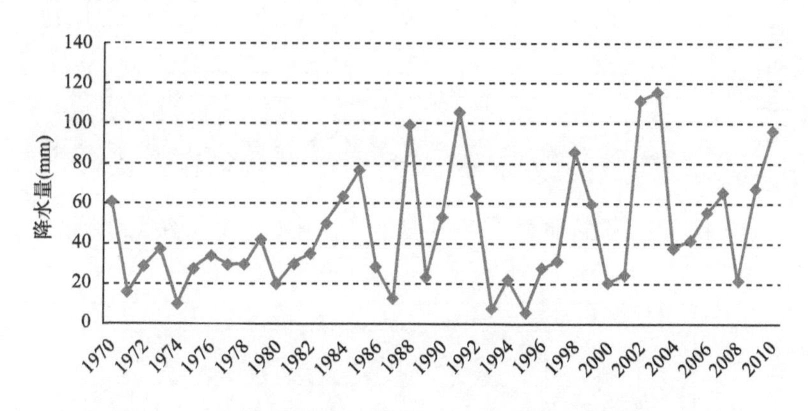

图4.1　达拉特旗春季(3—5月)降水量历年变化图

(2)夏旱：指发生在6—8月的干旱，夏季是达拉特旗雨季开始和集中期。6—8月也是农作物生长拔节、抽穗、生长旺盛需水期到灌浆、乳熟期，此时如果发生缺水少雨，就会使农作物生长受到抑制甚至枯死。农谚曰：“春旱不算旱(轻旱)，夏旱收一半。”可见夏旱较春旱要严重，而且造成的灾害和损失也是最重的。而达拉特旗夏旱发生的频率是干旱季节里最高的为88％(图4.2)，属十年九旱，夏旱严重的年份有19年，其中1999年最为严重；30天以上的夏旱每两年一遇(图4.3)。春夏连旱是指3—8月份在作物播种、发育、生长季期间的干旱，因此选取3到8月份的降水距平百分率作为春夏连旱的

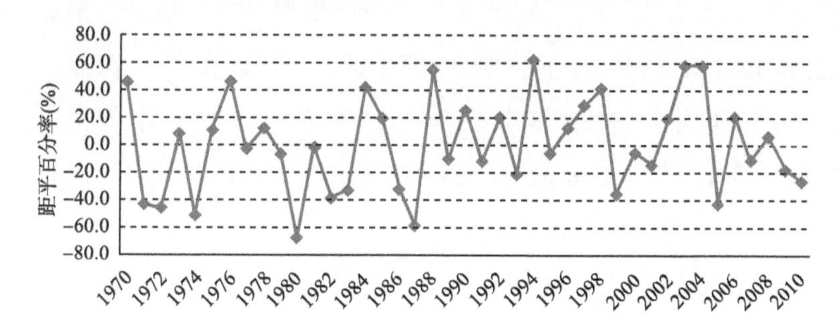

图4.2　达拉特旗夏季(6—8月)降水距平百分率历年变化图

因子来分析发现，达拉特旗共发生春夏连旱 20 次，其中重旱 8 次，频率为 37.5%，虽小于春旱和夏旱（图 4.4），却是对农牧业生产影响最大的，严重时造成大范围的减产，有些地方绝收，属三年一遇。

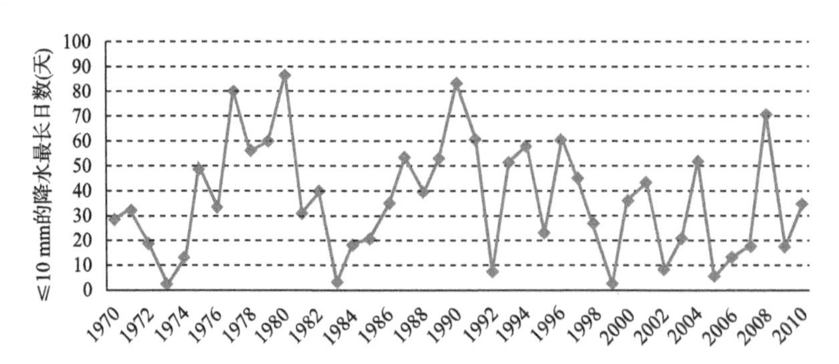

图 4.3 达拉特旗夏季≤10 毫米降水最长日数历年变化图

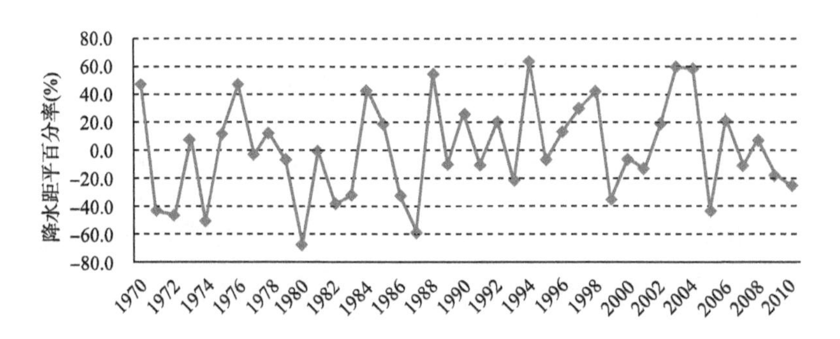

图 4.4 达拉特旗 3—8 月降水距平百分率历年变化图

（3）秋旱：指发生在 9—10 月期间的干旱。但是实际意义上的秋旱是指 8 到 9 月份，这个时期副热带高压迅速南退东撤，雨带逐渐南移。如果副高的撤退比常年快，使降水明显偏少，则发生秋旱。此时大秋作物正是作物抽穗、灌浆、乳熟到成熟时期，需水量仍然较多，在此期间，如果半个月或以上没有 15 毫米的降水，就会发生秋旱。农谚说：“春旱（指轻春旱）收，秋旱丢”，即秋旱可使农作物籽粒不结或瘪粒多导致产量下降。可见秋旱对农作物的影响也是极大的。选取 9 到 10 月份降水距平百分率 $\bar{R}\leqslant -30\%$ 作为旱与不旱的指标分析，达拉特旗秋旱的频率为 30%，属三年一遇（图 4.5），其中 1997 年最为严重。

（4）夏秋旱、春夏秋连旱：一般指农作物的发育、生长、抽穗、乳熟、成熟和收获期的连续性干旱，所以取 1970 年到 2009 年期间（4—9 月）的降水距平百分率和春夏秋三季的干旱情况来作为指标进行分析，达拉特旗发生一般的夏秋连旱 7 次，春夏秋连旱 5 次，分别出现在 1980、1985、1994、2000、2006 年，平均 8 年出现一次，其中 2000 年的春夏秋连旱表现最为严重（图 4.6），连续干旱给达拉特旗农牧业生产及生活、经济造成了很大损失。

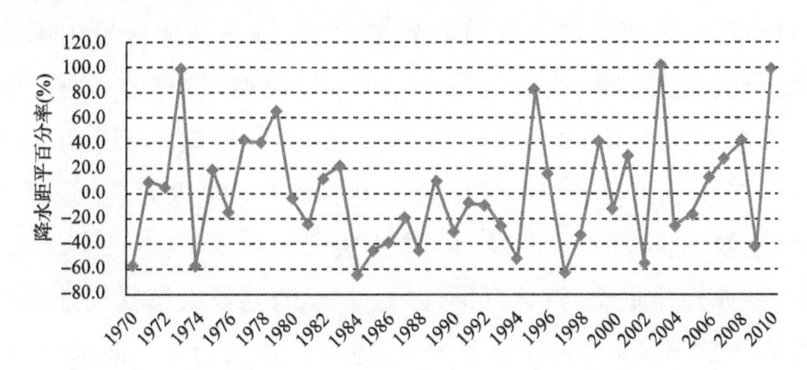

图 4.5　达拉特旗秋季（9—10 月）降水距平百分率历年变化图

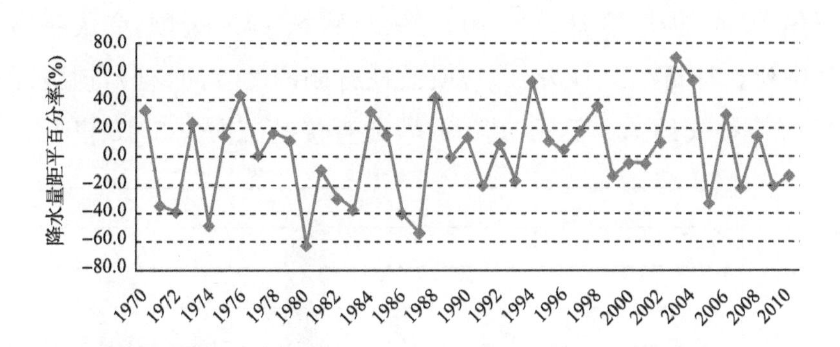

图 4.6　达拉特旗春、夏、秋（4—9 月）降水距平百分率历年变化图

4.2　冰雹

冰雹，俗称冷蛋子、雹子，是一种中、小尺度天气现象，是达拉特旗主要灾害性天气之一。冰雹对农作物、果树的枝叶、茎秆、果实产生机械损伤，其危害程度除与雹块大小、降雹密度、降雹范围、降雹持续时间有关外，还与作物种类和生育期有关，而降雹时伴随的狂风骤雨、地面积雹造成的低温、受灾后阳光暴晒等，又常使灾情加重。较大的雹块还能击坏用于农业高产措施的地膜、暖棚、砸伤野外农作人员、放牧人员和牲畜、草场以及林木等。此外冰雹对国防、电讯、交通运输也有很大的影响。

达拉特旗地区冰雹的形成与大气环流背景以及地形、地貌有很大的关系。有利于形成冰雹天气的大尺度形势背景有：蒙古低涡、高空冷涡、高空西北气流和局地的热对流等，其中蒙古冷涡形势的冰雹，持续时间长，影响范围大，而局地热对流形势下的冰雹，在达拉特旗发生频率最高，造成的灾情最为严重。通过对达拉特旗降雹天气背景资料分析，可将该地区发生冰雹的天气背景形势划分为五种，即：偏西气流型、西北气流型、低槽气流型、低涡气流型、西南气流型。从季节变化和时间分布上看，达拉特旗4—10月都能发生冰雹灾害，但主要集中在6—9月，发生雹日最多是6、7、8、9月份。

据资料记载，达拉特旗最严重的一次雹灾出现在2006年7月26日23时至27日08时，达旗恩格贝镇、树林召镇、白泥井镇、吉格斯太镇受局地强对流天气影响，遭受持续20至30分钟冰雹袭击，冰雹直径最大为4.5厘米，有的灾区冰雹地面堆积厚度达12厘米。据达旗民政局统计，此次受灾农作物33666.7公顷，倒塌房屋16间，损坏房屋2189间；受灾草牧场1000公顷，受灾牲畜0.2万头(只)，其中死亡牲畜0.1万头(只)；损毁牲畜棚圈242间(栋)，损毁蔬菜大棚14栋；直接经济损失约3.2亿元，其中农牧业直接经济损失3.18亿元。

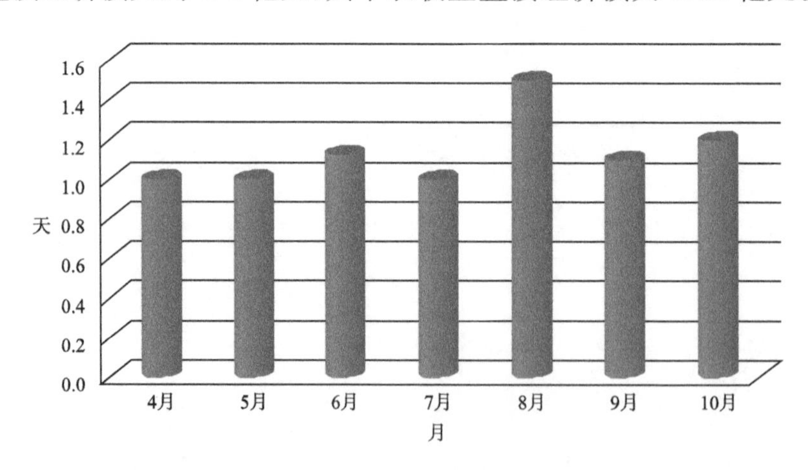

图4.7 达拉特旗1970—2010年冰雹日数历年月变化图

冰雹是一种对农作物、草牧场乃至人畜生命危害严重的天气现象。也是达拉特旗农牧业的重大灾害之一。俗话说："春怕冰冻秋怕霜，蛋子打了干净光"，充分说明了雹灾的严重性。据不完全统计，近几年每年遭受雹灾的面积达几十万亩* 甚至上百万亩，轻者打坏田苗、果木，重者折枝断穗，颗粒无收。

---

* 1亩=666.7 m^2。

冰雹一般都在强盛的积雨云中生长，强盛的积雨云有很强的上升气流，而冰雹形成前的雹核由于重量较轻，会在云中 0℃层上下反复升降，经过“结冰—融化—结冰—增大—再融化—再结冰—再增大”的反复过程，当增大到上升气流再也托不住时，就降落到地面。冰雹经过上述冻结过程，非常坚硬，尽管体积不大，直径大多数只有几毫米，少数能达到二、三厘米，但由于重力加速度的作用，冲击力非常大，几分钟就能毁坏千万亩庄稼，千万棵果树。

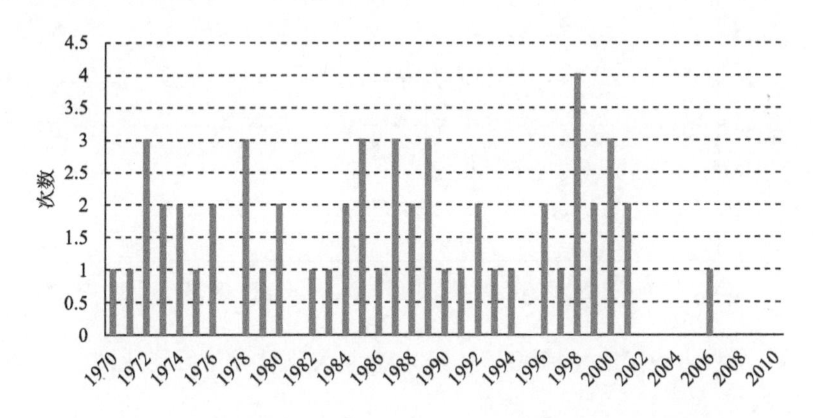

图 4.8　达拉特旗 1970—2010 年冰雹各年频率分布图

4.3　大风

一般将平均风速达 6 级（10.8～13.8 m/s）、极大风力达 7 级或以上（即瞬时风速达到 17.2 m/s 或以上）称为大风。大风造成的灾害主要是由强风压引起的。达拉特旗境内的大风大致可以分为冷空气大风、雷雨大风、冰雹大风以及低气压造成的大风。冷空气大风主要出现在冬春季节，具有范围广，时间长等特点；雷雨大风和冰雹大风以夏季为主，范围小，时间短，强度大，破坏严重；低气压大风一年四季都可发生，但以春季居多，并且常常伴有沙尘天气。

达拉特旗处在大陆性季风气候区内，受季风的影响，一年之内，风向随季节的转换而变化。全旗全年主导风向可明显地分为两个阶段，即冬季风阶段和夏季风阶段。冬季风风向以偏西或偏北风为主，维持时间较长，达 8 个月以上，冬季风盛行时，大部分地区会在春季（3—5 月）发生 1～2 个月的风向突变，这主要是东南季风日益增强的结果；夏季风风向以偏南风或偏东风为主，时间较短，仅有 3～4 个月。

达拉特旗地形构造复杂，据1970年到2010年统计，最大风速在17.2～22.7 m/s，大风不仅对农牧业生产的危害极重，对其他各行业均有影响。据40年统计资料显示，大风日数20世纪70年代共206天，80年代179天，90年代129天，这种大幅度的递减趋势与城乡生态植被的种植恢复、沙漠地带的绿化，水土流失的治理、城市建设的扩建等都有一定关系。详见图4.9，4.10。

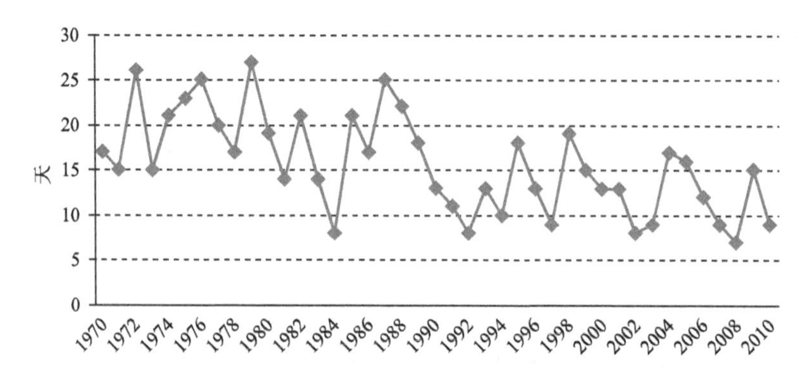

图4.9　达拉特旗1970—2010年大风日数年际变化图

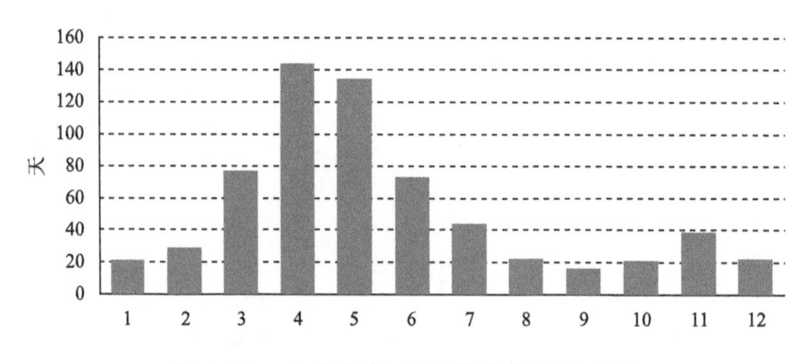

图4.10　达拉特旗大风日数月际分布图

4.4　沙尘暴

沙尘暴，特别是强沙尘暴是一种危害极大的灾害性天气。一般发生在干旱、半干旱、沙漠及其邻近地区。沙尘暴是强风将地面大量沙尘吹起，使空气变得非常浑浊，水平能见度小于1000米的天气现象。强沙尘暴是指大风将地面尘沙吹起，使空气非常混浊，水平能见度小于500米的天气现象。特强沙尘暴是指狂风将地面尘沙吹起，使空气特别混浊，水平能见度小于50米的天气现象。

达拉特旗一年四季均有沙尘暴发生，一般春季最常见。严重的沙尘暴灾害不仅可以使农田变得贫瘠、牧场被吞噬，加剧土地沙化，还可以造成交通、运输和通讯的中断等。3—6 月份是沙尘暴多发期，4 月份为高峰期（图 4.12）。和大风一样，达拉特旗沙尘暴天气的分布、频次大小与海拔高度，地貌结构均有关系，差异也比较大。沙尘暴的年际变化趋势是：20 世纪 70 年代平均每年出现沙尘暴 16.3 次，80 年代平均每年有 11.1 次，1990 年至今平均每年沙尘暴出现日数仅为 2.6 次（图 4.11），呈明显的下降趋势。

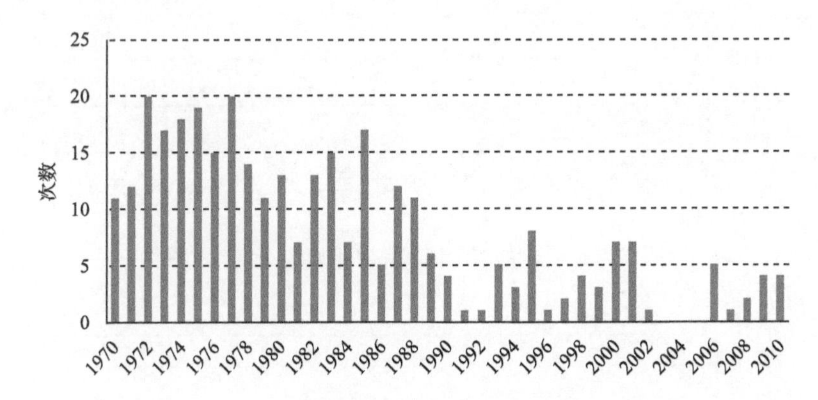

图 4.11　达拉特旗沙尘暴发生次数的年际变化

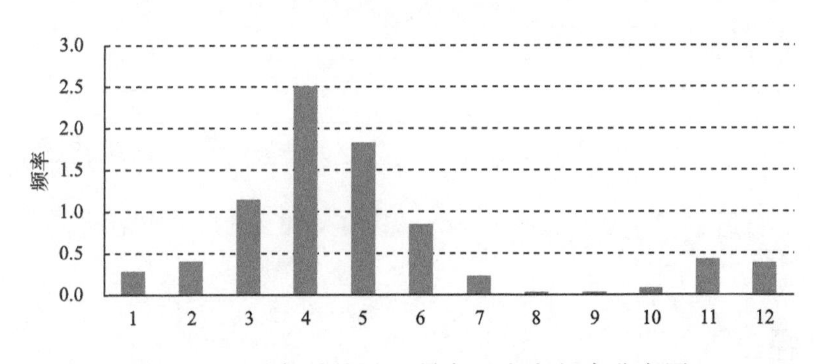

图 4.12　达拉特旗沙尘暴各月灾害频率分布图

4.5　霜冻

霜冻是指作物生长季节里植株体温降到零度以下而受害的现象。霜冻是农作物每年在春、秋两季最常遭受的自然灾害之一，它对农业生产的影响很大，被霜打过的庄稼，重的可以冻死，轻的也会影响生长发育。从 40 年资料分析，达拉特旗的初霜日期最早出现在 1970 年 9 月 4 日，最晚出现在 2003 年 10 月 13 日。终霜日最早出现在 1999 年 3 月 18 日，最晚出现在 1988 年 6 月

6日(见图4.13.1、2),由于初霜日期有推迟的趋势而终霜日期有提前趋势,这样可以看出达拉特旗的无霜期有延长的趋势。

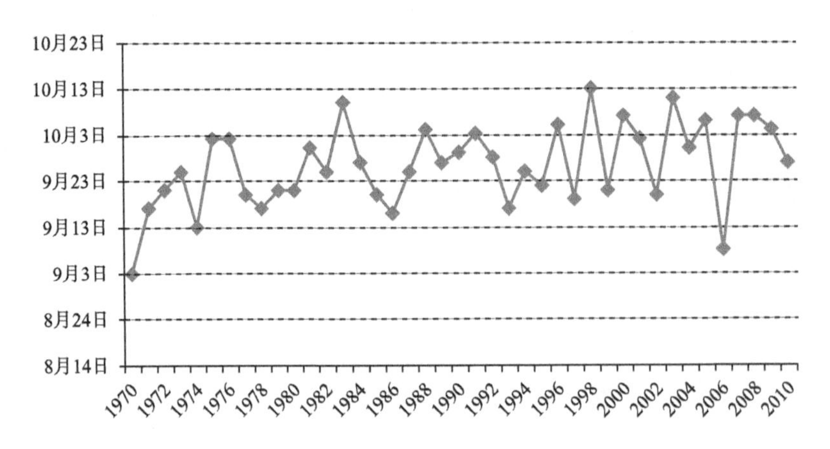

图4.13.1 达拉特旗霜冻初霜日年际变化图

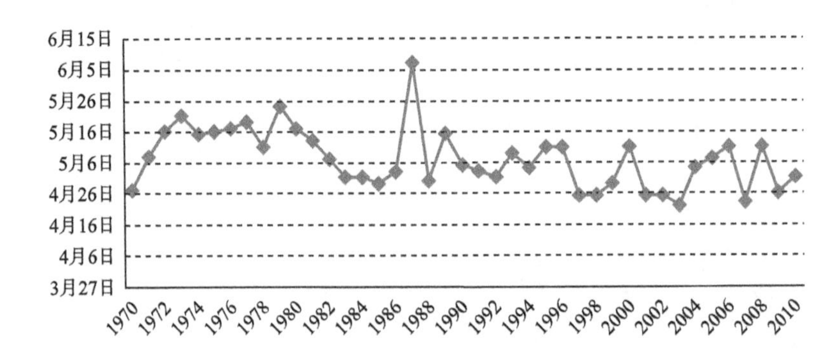

图4.13.2 达拉特旗1970—2010年终霜日的历年变化图

4.6 高温

高温灾害主要是指日最高气温达到35℃或以上,动植物不能适应这种环境而引发的各种事故的灾害现象。夏季,达拉特旗的高温酷热与副热带高压活动有密切关系,当副高过于强盛,在某一地控制时间越长,出现高温的可能性就越大。高温具有间断性和持续性,当气温高于35℃以上时,首先高温酷暑会使人体不适,闷热难耐,工作效率降低,甚者会使病人增加,死亡率增高。第二,高温酷热易发生交通事故。第三,高温酷热会使用水、用电剧增,易发生水电事故。第四,高温酷暑对农作物生长极为不利,会造成蒸散增加,水分供需失调,最后导致粮食歉收、减产至绝收。达拉特旗自1970年到2010年以来共发生高温天气146天，平均每年出现4天，最多年份出现在2010年为15天(图4.14)。高温天气从4月份开始到9月份结束，主要集中在6、7月，7月最盛。全旗高温天气随着地形和海拔高度的升高而有所不同。

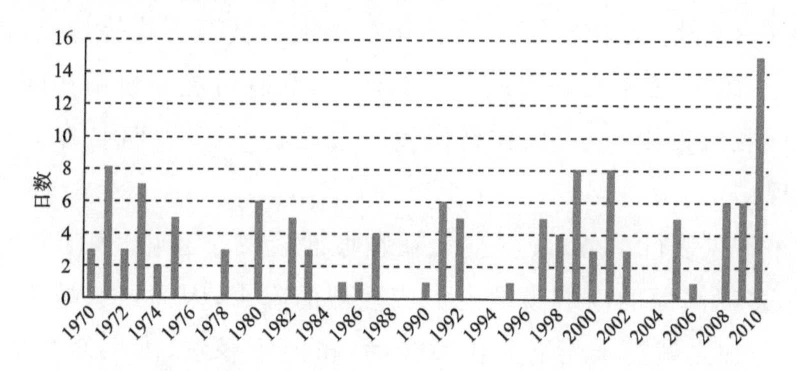

图4.14 达拉特旗1970—2010年≥35℃高温日数历年变化图

4.7 暴雨洪涝

暴雨洪涝是由一次短时或连续的强降水过程导致本地河流洪水泛滥、淹没农田和城乡、产生城镇积水或径流、淹没低洼地带，造成农业、工业或其他财产损失和人员伤亡的一种比较严重的灾害。达旗暴雨一般都是强度比较大，持续时间短，加之境内地形地貌多沟壑纵横，因而暴雨造成的山洪所发生的概率也比较高。据统计，达拉特旗≥50毫米的暴雨平均每两年一次，其多的年份出现在1975、1976、1998年均为2次(图4.15)，最多年份出现在2004

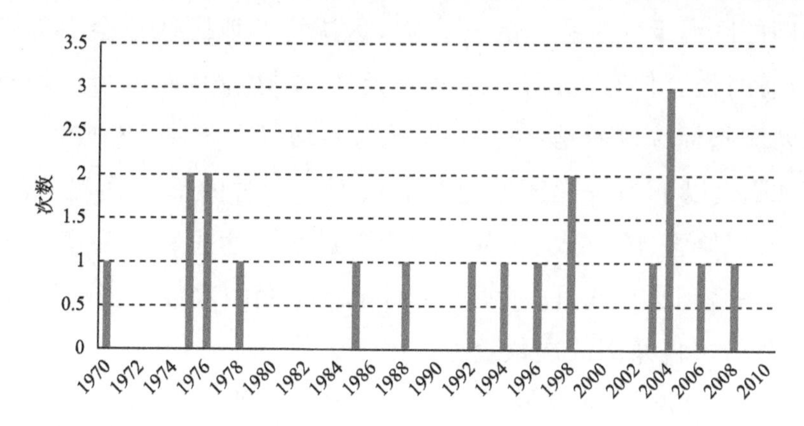

图4.15 达拉特旗≥50毫米暴雨次数年际变化图

年为3次。一般发生在6—9月，而7、8月是暴雨最集中期，而且时空分布极不均，一般多以局地性暴雨出现，因而，暴雨造成的洪涝多半与地形有关。

山洪是山区溪沟中发生的暴涨暴落的洪水。由于山区地面和河床坡度较陡，降水后产流和汇流都较快，形成急剧涨落的洪峰。所以山洪具有突发性、水量集中、流速大、破坏力强、水流中挟带泥沙甚至石块等特点，常造成局部性洪灾。山洪是暴雨在一定地形下的产物，它有可能和暴雨在同一个区域或同一时间相继发生，也可以在暴雨发生过后的一定时间内，在另一个特定的地区出现。

每当东南风盛行季节，暖湿空气在爬坡北上的过程中，由于地形抬升作用，在鄂尔多斯高原的南坡顶端上形成强烈的降水，因而风水岭附近成为暴雨集中地区，加之黄河上游有暴雨发生时，黄河水暴涨，洪水便汇集各河川、沟壑支流的洪水从高原顶端奔泻而下，到地势开阔地形平坦处便造成大范围的山洪洪涝灾害。据资料记载1976、1979、1981、1982等年份，因雨水集中，造成全旗各沟、川洪水泛滥，全旗受灾面积达229473亩，无收成面积80752亩，倒塌房屋1002间，打死打伤牲畜650多头只，冲毁水利工程817处等，经济损失达到当时人民币100多万元。达拉特旗山洪暴发与暴雨和连续降水均有密切关系，而主要降水时段在6到9月份，以7、8月为暴雨多发期。

4.8 寒潮

寒潮天气过程是指极地或高纬度地带强冷空气向南爆发而侵袭我国的一种大范围的降温天气过程。受其影响，达拉特旗地区往往会引起剧烈的降温和大风，有时还会伴有雨(雪)、霜冻等天气，对达拉特旗各行业均有较大影响。这里寒潮指标选取的是:(1)24小时内平均气温下降8℃或以上，且最低气温降至4℃或以下为一次寒潮过程。(2)48小时内平均气温下降10℃以上，且最低气温降至4℃或以下为一次寒潮过程。达拉特旗寒潮出现时间为本年9月份一直到次年5月。3月、11月出现寒潮的次数最多，其次是4月和5月，9、10月份出现寒潮的次数较少。

1970年至2009年全旗寒潮共出现218次，平均每年不超过3次(图4.16)。

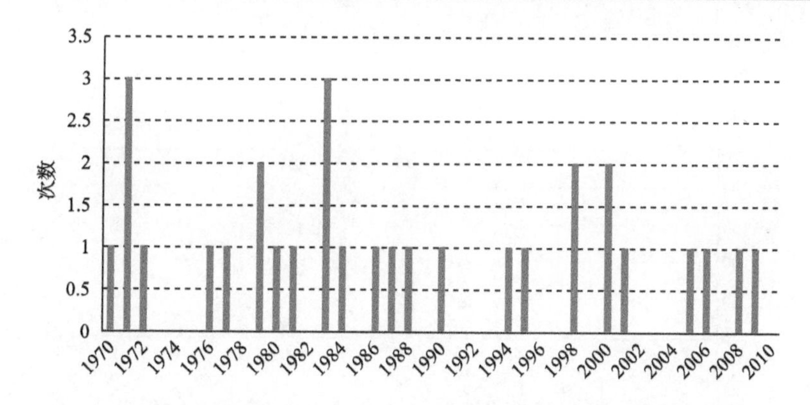

图 4.16　达拉特旗 1970—2010 年寒潮发生次数历年变化图

4.9　雷暴(雷电)

雷电是大气中的一种自然放电现象，在气象学上称为雷暴。据统计在雷击事故中，计算机通信系统、电子、电器设备损失尤为严重。从雷击造成的灾害形式上看，主要有三种：一是直接击死、击伤人畜或击坏建筑物和其他设施，酿成事故或造成灾害。二是雷直击后引发的火灾，烧毁森林、建筑物和其他财产，甚至烧死烧伤人员。三是感应雷击损坏电器设备、破坏计算机网络系统。

达拉特旗年平均发生雷电的日数在 40 天左右，为高雷区，每年的 6—8 月为雷暴的多发月份，20 世纪 70 年代末到 90 年代初为雷电多发期，21 世纪以来日数较少(图 4.17)。雷暴从 3—11 月均有发生，但主要集中 6—8 月，又以 7 月最盛(图 4.18)，主要成灾体是电器之类。

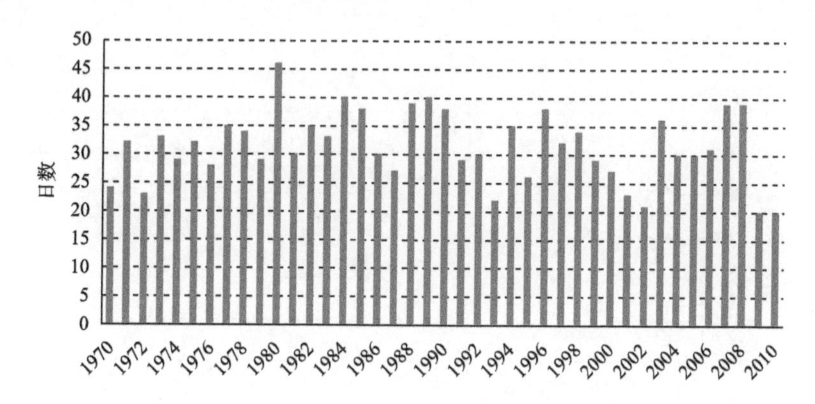

图 4.17　达拉特旗 1970—2010 年雷暴日数历年变化

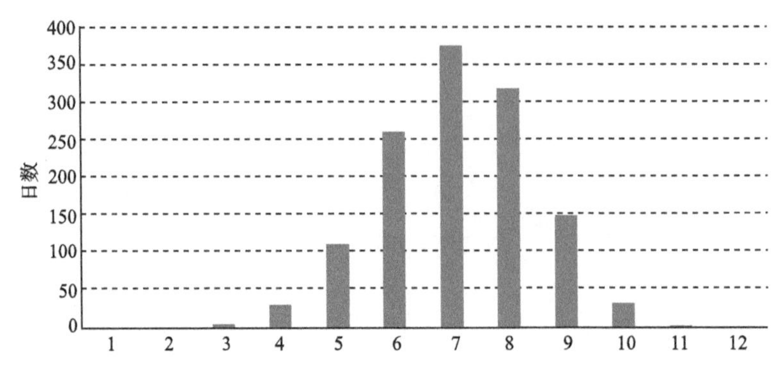

图 4.18 达拉特旗 1970—2010 年各月雷暴发生的频次

4.10 低温冷害

低温冷害是指农作物或经济林果生长期间出现较长时期低于作物生育要求的临界温度的致害低温，主要包括低温冻害、寒潮、霜冻、倒春寒和秋季低温等，是影响农作物生产的主要气象灾害之一，对工农业生产和人民生活都有重大影响。

据统计发现，达拉特旗 40 年来一般的低温冷害发生过 5 次，发生灾害频率 12.5%，分别出现在 1970、1974、1982、2008、2009 年；严重低温冷害 4 次，发生灾害频率 10.0%（图 4.19、4.20），分别出现在 1976、1977、1979、2006 年。冷害一般都是局地性的发生，不会造成大面积危害。严重低温冷害在达拉特旗平均 10 年一遇，一般冻害 8 年一遇，所以低温冷害对达拉特旗的影响不是特别严重。

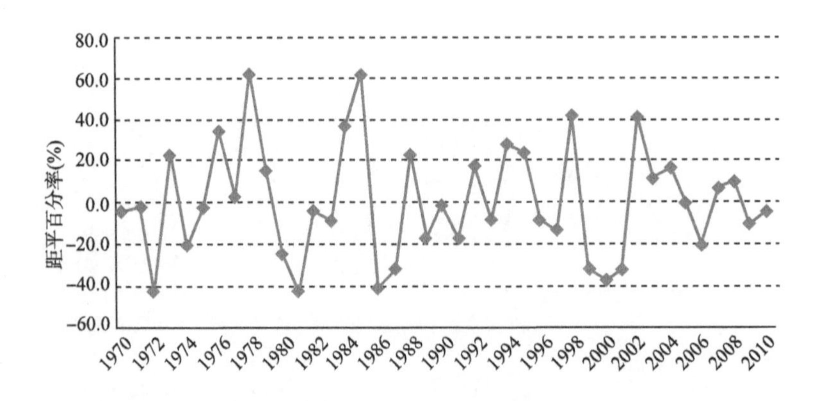

图 4.19 达拉特旗 5—9 月平均气温距平和年际变化

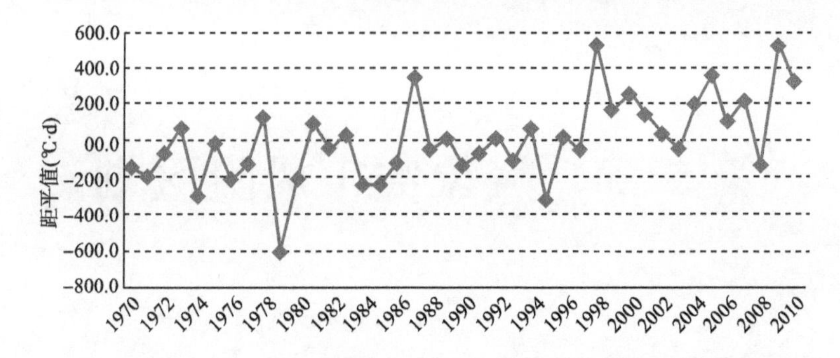

图4.20 达拉特旗≥10℃积温距平值年际变化

第5章 气象灾害风险区划

5.1 气象灾害风险基本概念及其内涵

气象灾害风险指各种气象灾害发生及其给人类社会造成损失的可能性。气象灾害风险既具有自然属性，也具有社会属性，无论自然变异还是人类活动都可能导致气象灾害发生。气象灾害风险性是指若干年（10年、20年、50年、100年等）内可能达到的灾害程度及其灾害发生的可能性。根据灾害系统理论，灾害系统主要由孕灾环境、致灾因子和承灾体共同组成。在气象灾害风险区划中，危险性是前提，易损性是基础，风险是结果。

气象灾害风险是政府制定规划和项目建设开工前需要充分评估的一项重要内容，目的是减小气象灾害可能带来的风险，其中一项基础性工作是气象灾害风险区划，以确定辖区内气象灾害的种类、强度及出现的概率和分布。将灾害风险评估与灾害性天气（致灾因子）和气象灾害预报紧密联系起来，与防灾减灾、灾前灾中评估挂钩，为政府及相关部门防御决策提供依据，为制定气象灾害工程措施和非工程措施、防御方案、防御管理等提供基础性支撑。

5.2 气象灾害风险区划的原则和方法

5.2.1 气象灾害风险区划的原则

气象灾害风险性是孕灾环境、脆弱性承灾体与致灾因子综合作用的结果。它的形成既取决于气象灾害致灾因子的强度与频率，也取决于自然环境和社会经济背景。开展达拉特旗气象灾害风险区划时，主要考虑以下原则：

以开展灾害普查为依据，从实际灾情出发，科学地做好气象灾害的风险性区划，达到防灾减灾规划的目的，促进区域的可持续发展。

区域气象灾害致灾因子(灾害指标)的组合类型、强度与频度分布的一致性和差异性。

区域气象灾害孕灾环境的一致性和差异性。

根据区域孕灾环境、脆弱性承灾体以及灾害产生的原因,确定灾害发生的主导因子及灾害区划依据。

划分气象灾害风险性等级时,宏观与微观相结合,对划分等级的依据和防御标准做出说明。

可修正原则:紧密结合达拉特旗的社会经济发展情况,对达拉特旗的承灾体脆弱性进行调查。根据达拉特旗的发展以及防灾减灾基础设施与能力的提高,及时对气象灾害风险区划图进行修改与调整。

5.2.2　气象灾害风险区划的方法

本区划主要根据气象与气候学、农业气象学、自然地理学、灾害学和自然灾害风险管理等基本理论,采用风险指数法、层次分析法、加权综合评分法等数量化方法,在GIS技术的支持下对达拉特旗气象灾害风险分析和评估,编制气象灾害风险区划图。本区划所需的数据主要包括达拉特旗常规气象站和区域自动气象站的气象数据、气象灾害的灾情数据(如受灾面积、经济损失、人员伤亡等)、地理空间数据(土地利用现状、地形、地貌、河网分布等)、社会经济数据(如人口、GDP、耕地面积、粮食单产等)。这些数据主要来自达拉特旗气象局、水利局、统计局、民政局等部门的相关统计年鉴。

(1)气象灾害风险区划的评价指标

气象灾害的致灾因子主要是能够引发灾害的气象事件,对气象灾害致灾因子的分析,主要考虑引发灾害的气象事件出现的时间、地点和强度。气象灾害强度、发生频率来自达拉特旗境内常规气象站和自动站的气象要素资料,包括气温、降水、风、冰雹、雷暴(电)、沙尘暴等致灾因子的出现概率和分布。

孕灾环境与承灾体易损性,包括人类社会所处的自然地理环境条件(地形地貌、土地利用现状、河流水系分布等),社会经济条件(如人口分布、经济发展水平等),人类的防灾减灾能力(防灾设施建设,灾害预报预警水平,减灾决策与组织实施的水平)。

(2)气象灾害风险评价指标的量化

根据不同灾种风险概念框架选取不同的指标。由于所选指标的单位不同,为了便于计算,选用以下公式将各指标量化成可计算的 0～1 之间的无量纲指标:

$$D_{ij}=0.5+0.5\times\frac{A_{ij}-\min_i}{\max_i-\min_i}$$

式中 D_{ij} 是 j 区第 i 个指标的规范化值,A_{ij} 是 j 区第 i 个指标值,$\min_i$ 和 $\max_i$ 分别是第 i 个指标值中的最小值和最大值。

(3)分灾种风险模型的建立

考虑致灾因子危险性、孕灾环境敏感性、承灾体脆弱性和灾害防御能力,建立如下灾害风险指数评估模型:

$$DRI=(E^{we})(H^{wh})(V^{wv})(10-R)^{Wr}$$

$$E=\sum W_{Ek}X_{Ek}$$

$$H=\sum W_{Hk}X_{Hk}$$

$$V=\sum W_{Vk}X_{Vk}$$

$$R=\sum W_{Rk}X_{Rk}$$

式中:DRI 为各灾种灾害风险指数,用于表示风险程度,其值越大,则灾害风险程度越大;E、H、V、R 的值分别表示风险评价模型中的孕灾环境的敏感性、致灾因子的危险性、承灾体的易损性和防灾减灾能力各评价因子指数;W_E、W_H、W_V、W_R 相应地表示各评价因子的权重,$W_E+W_H+W_V+W_R=1$,权重系数的大小依据各因子对灾害的影响程度大小,主要采取层次分析法取得,也可适当根据专家意见,结合当地实际情况讨论确定。在本区划中结合达拉特旗气象灾害实际情况,将模型中孕灾环境敏感性、致灾因子危险性、承灾体脆弱性和防灾减灾能力权重根据不同的灾种分别赋值;X_k 是指标 k 量化后的值;W_k 为指标 k 的权重,表示各指标对形成气象灾害风险的主要因子的相对重要性。

(4)综合风险区划模型的建立

$$IDRI=\sum DRI_kW_k$$

其中 $IDRI$ 是气象灾害综合风险指数,DRI_k 是灾种的 k 风险指数,W_k 为灾种k的权重，是根据达拉特旗每个灾种发生频率和损失情况，采用专家打分法赋予干旱、冰雹、大风、沙尘暴、霜冻、高温、暴雨洪涝（山洪）、寒潮、雷暴（电）和低温冷害权重，计算气象灾害综合风险系数。

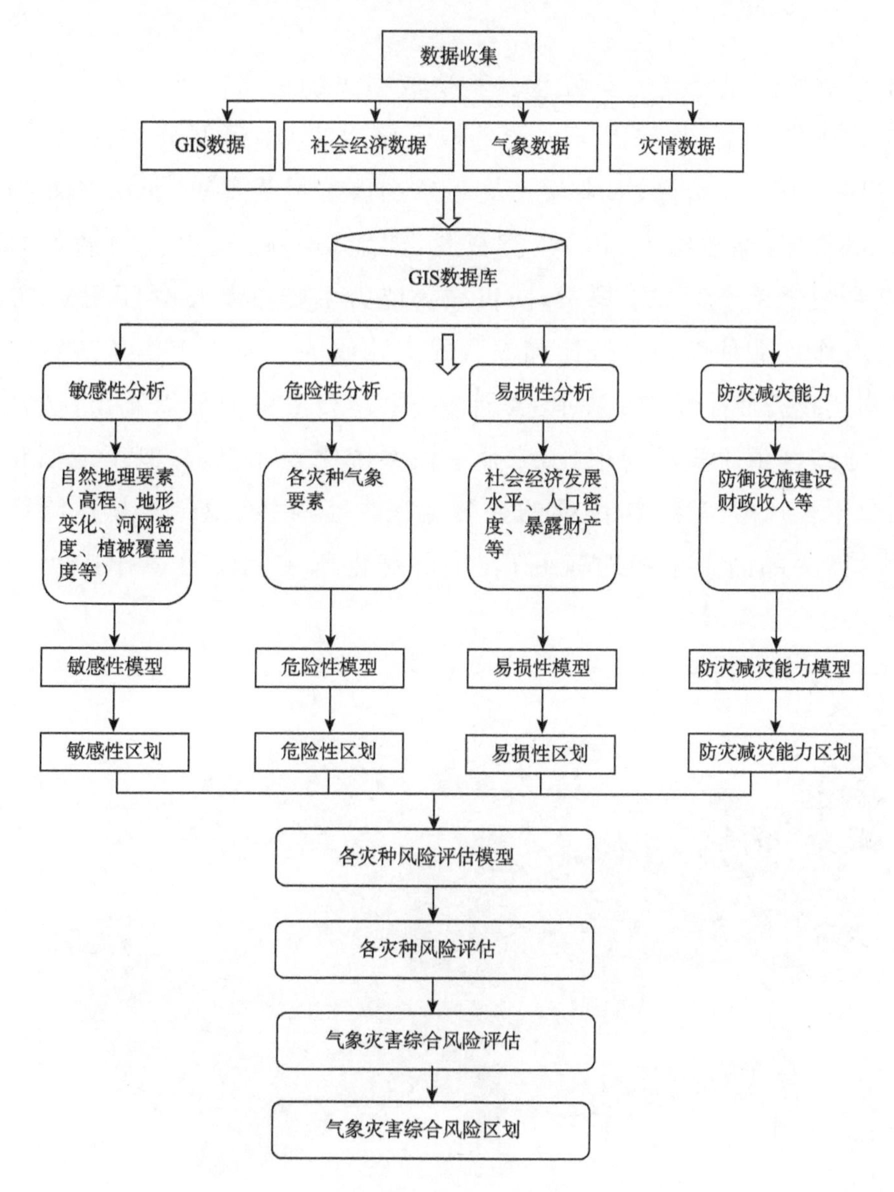

图5.1　达拉特旗气象灾害风险区划流程图

5.3　气象灾害及其次生灾害风险区划

根据上面的风险区划原则和方法，综合考虑致灾因子、孕灾环境、承灾体三个方面确立风险评价指标体系，在GIS支持下，分别对第4章中的灾种进行气象灾害风险区划。

5.3.1 干旱风险区划

干旱灾害风险是指干旱发生及其造成损失的概率。干旱风险性主要考虑干旱发生的频率，致灾因子主要选取了降水量；将河网分布、地势高度作为孕灾环境敏感性指标；农业生产受干旱的影响最为显著，承灾体易损性主要以人口密度(即地均人口)、经济密度(即地均GDP)、农作物播种面积所占比例和粮食单产为基本要素，防灾减灾能力主要考虑人均GDP、有效灌溉面积占农作物播种面积百分比和农牧民人均收入。对以上因子进行加权叠加，得到达拉特旗干旱灾害风险区划图(图5.2)。由图可以看出，达拉特旗北部沿河地区由于黄河为依托，农业灌溉系统比较完善，灌溉土地面相对较高，因此干旱风险等级低，南部的丘陵地区由于海拔较高，干旱风险属次高风险区，而中部的干旱相对较高；在中部和南部中间部分属于中等干旱风险区。

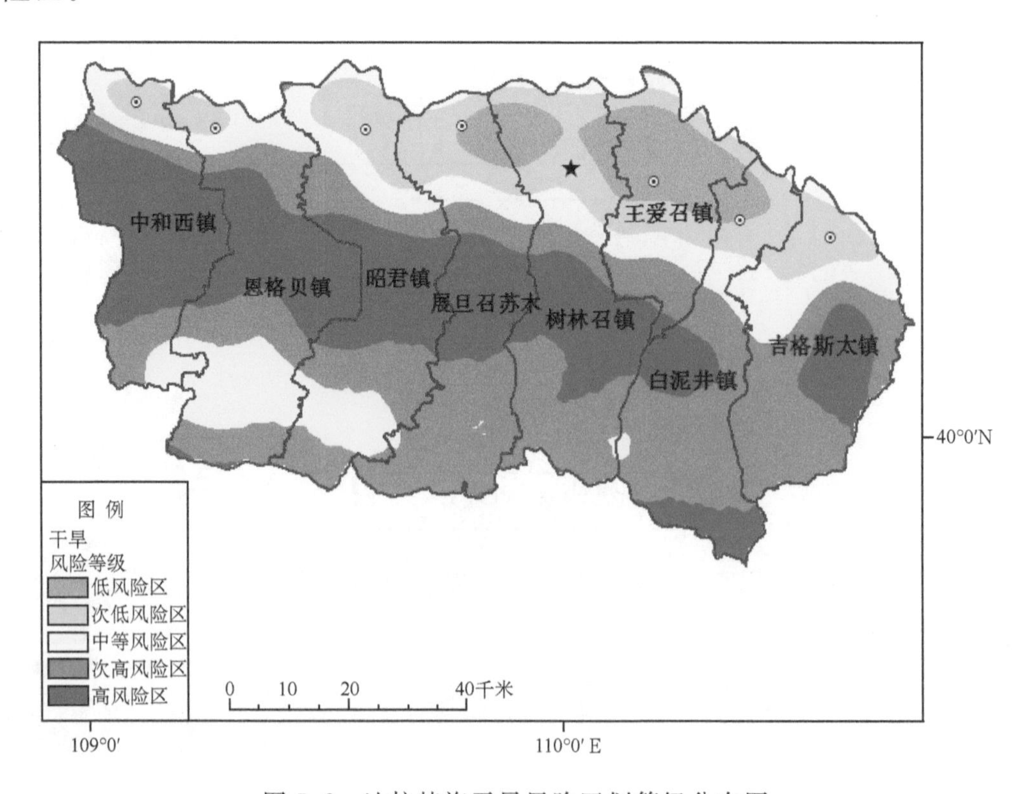

图5.2 达拉特旗干旱风险区划等级分布图

5.3.2　雹灾风险区划

冰雹灾害危险性主要考虑冰雹灾害发生的历史频率分布情况。冰雹易损性主要以人口密度、经济密度、农作物播种面积所占比例和粮食单产为基本要素，同时考虑地形的影响和防灾减灾能力，得到达拉特旗冰雹灾害风险区划图(图 5.3)。由图看出，达拉特旗的大部分地区冰雹风险等级明显偏高。达拉特旗是冰雹多发地，主要支线和分线遍布全旗 8 个乡镇，所以全旗冰雹风险等级程度基本是相似的。从整体情况看，南部和东部部分地区风险要高于中部和西部地区，其余地区冰雹风险较低，尤其西北是低风险区。

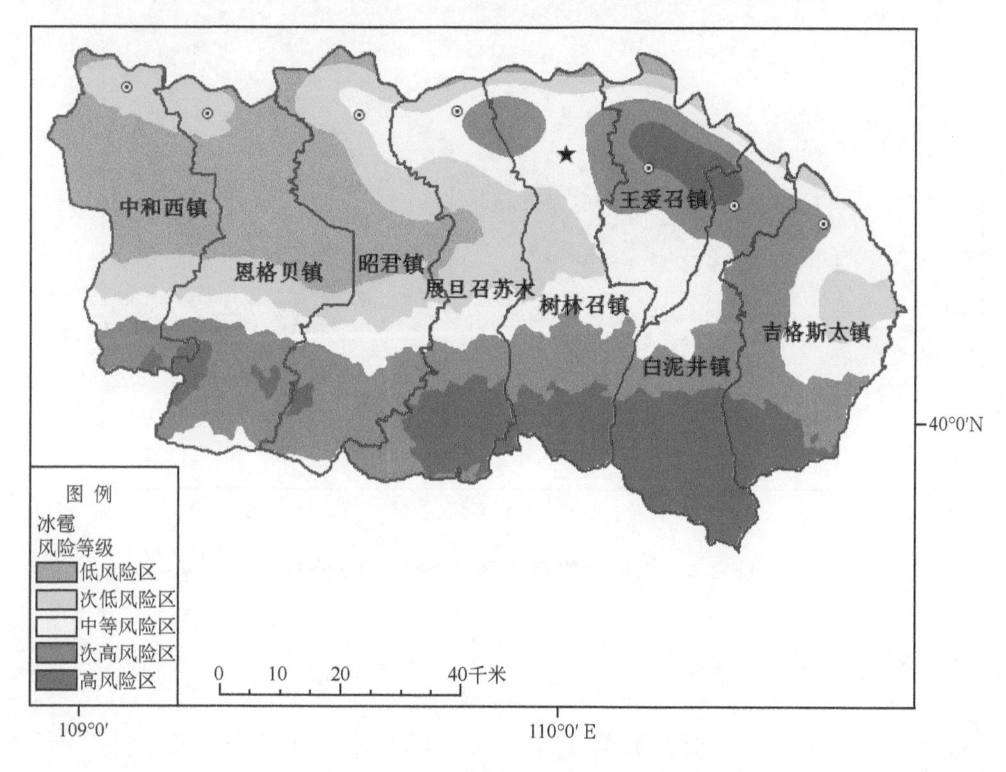

图 5.3　达拉特旗冰雹灾害风险区划等级分布图

5.3.3　风灾风险区划

大风的危险性分析主要研究该区域风力达 6 级或以上(即瞬间风速≥17.2 m/s，或定时风速≥10.8 m/s)的风频率分布情况，孕灾环境考虑地形高程；承灾体易损性分析是对研究区内的居民情况、建筑物分布情况等受影响因子进行分析；防灾减灾能力分析主要考虑建筑物工程抗风能力和工业厂房分布情况，得到大风灾害风险等级分布图（图 5.4），由图可见，北部的王爱召镇、树林召镇中部、北部和东南部的吉格斯太镇为大风灾害低风险区，而恩格贝镇、中和西镇、昭君镇、展旦召苏木以南地区为大风高风险区，树林召镇南部、白泥井南部镇及吉格斯太镇南部为大风灾害中等风险区。

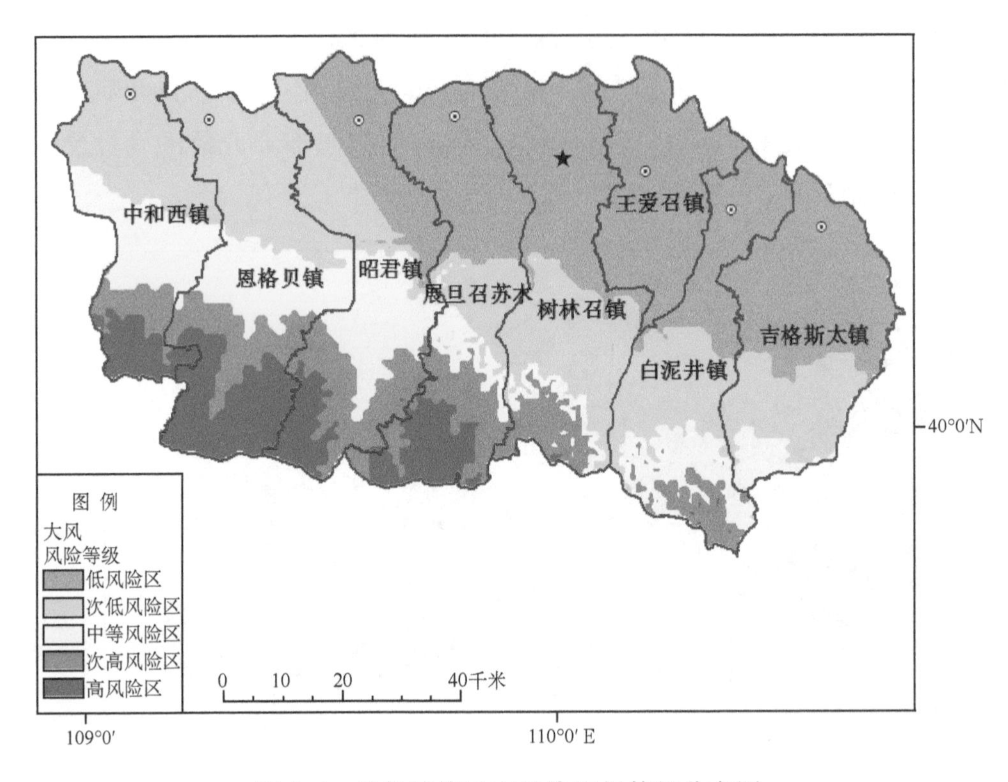

图 5.4　达拉特旗风灾风险区划等级分布图

5.3.4　沙尘暴风险区划

沙尘暴风险区划主要从危险性、暴露性、防风能力三个方面进行分析得到。沙尘暴危险性分析主要研究该区域风力达 5 级或以上，同时水平能见度 <1 km 沙尘暴出现频率，灾害的危险性用沙尘暴发生的频率来表征。暴露性分析是对研究区内的受影响因子如人员、财产损失情况进行分析，得到沙尘暴灾害风险区划分布图（图 5.5）。达拉特旗西部中和西镇为沙尘暴灾害高风险区，由西向东风险逐渐降低。

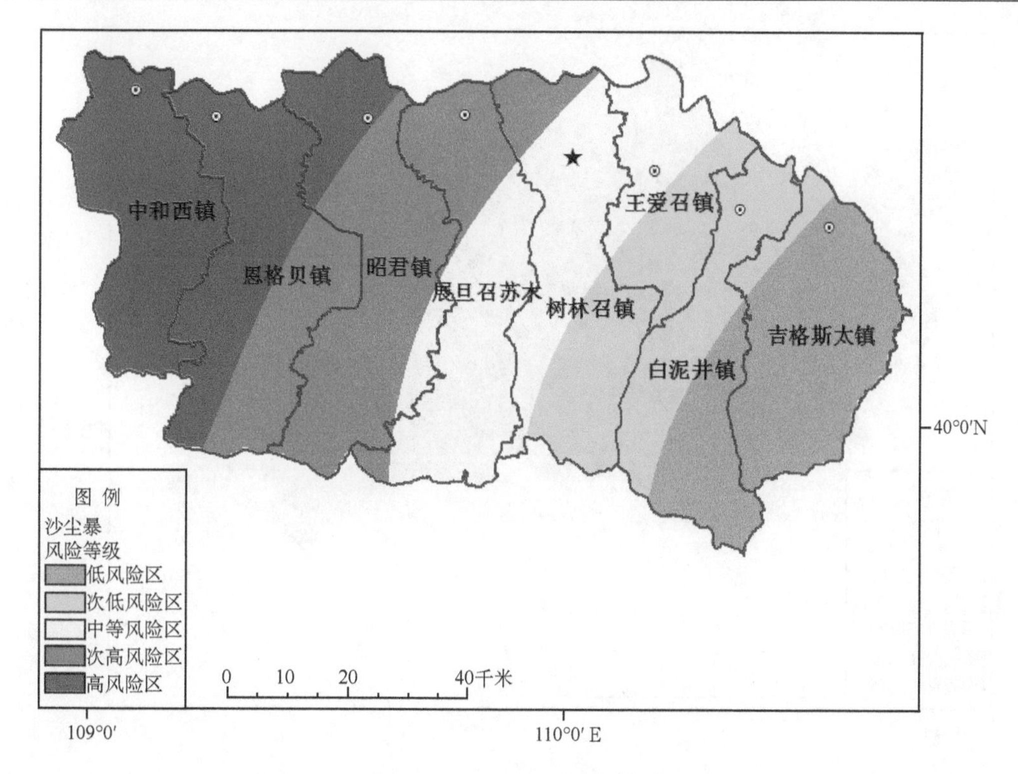

图 5.5 达拉特旗沙尘暴风险区划等级分布图

5.3.5 霜冻风险区划

霜冻灾害的危险性可用初霜偏早和终霜偏晚发生的频率来表征。孕灾环境敏感性主要考虑地形;承灾体易损性主要考虑地均GDP、农作物播种面积所占比例和粮食单产为基本要素;防灾减灾能力考虑人均GDP和农牧民人均收入。对几个方面的要素进行加权叠加,得到达拉特旗初霜冻偏早和终霜冻偏晚风险区划图(图5.6～5.7)。由图可以看出,达拉特旗初霜冻的风险值是由东北地区向西南逐渐递增的,即东北部的吉格斯太镇、王爱召镇不易出现初霜冻灾害区,是霜冻低风险区;而西部以中和西镇向东南延伸的白泥井镇和树林召镇、展旦召苏牧、昭君镇、恩格贝镇以南为次高风险区,而终霜冻的风险次序与初霜冻相反,风险等级是由东北向西北依次呈递减的。

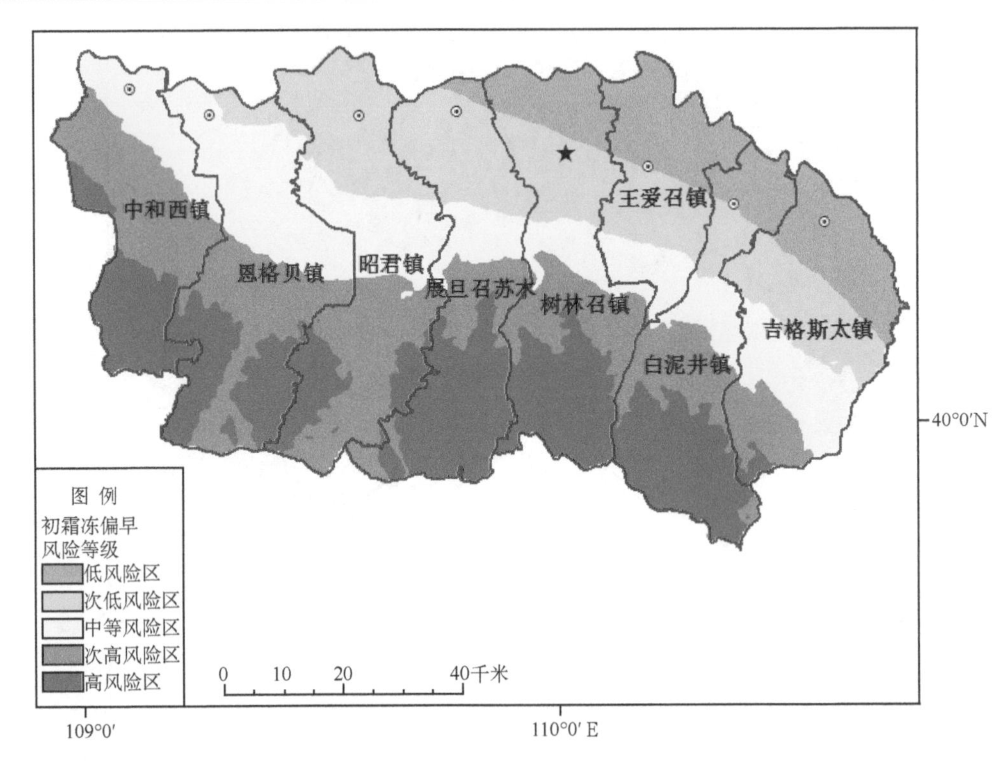

图 5.6 达拉特旗初霜冻灾害风险区划等级分布图

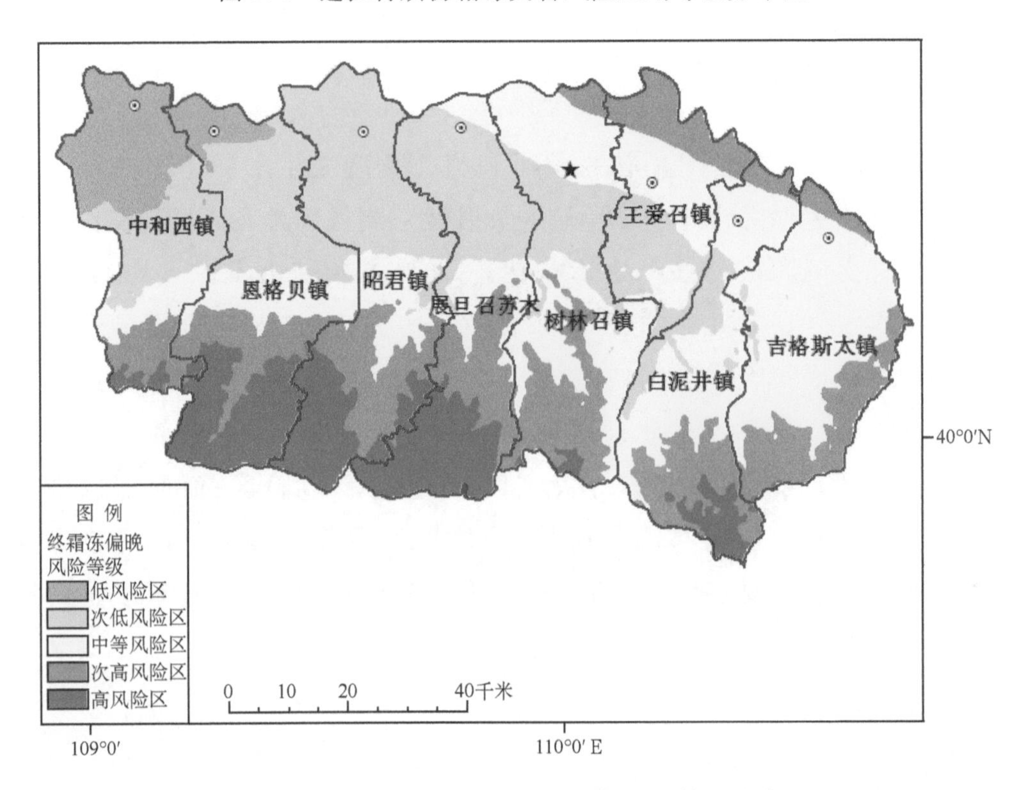

图 5.7 达拉特旗终霜冻灾害风险区划等级分布图

5.3.6 高温风险区划

高温热浪风险区划主要选取地形地貌、高温发生频率、人口经济等作为评价因子。致灾因子主要选取了高温频次；河流、水体下垫面条件可以有效减少高温发生的概率，孕灾环境敏感性将河网密度、地形高程等作为指标；承灾体易损性主要以人口密度、经济密度为基本要素，得到达拉特旗高温灾害风险区划图(图5.8)。达拉特旗的高温风险等级是由地势较高处向地势较低处递增的，同时根据致灾因子要素的分析，达拉特旗北部地区及沿河地区高温风险等级要高、而东南部的高温风险等级比北部明显要低。由图可见，东南部地区为高温的低风险区，几乎不受高温危害影响；北部沿河地区为高温热浪高风险区。

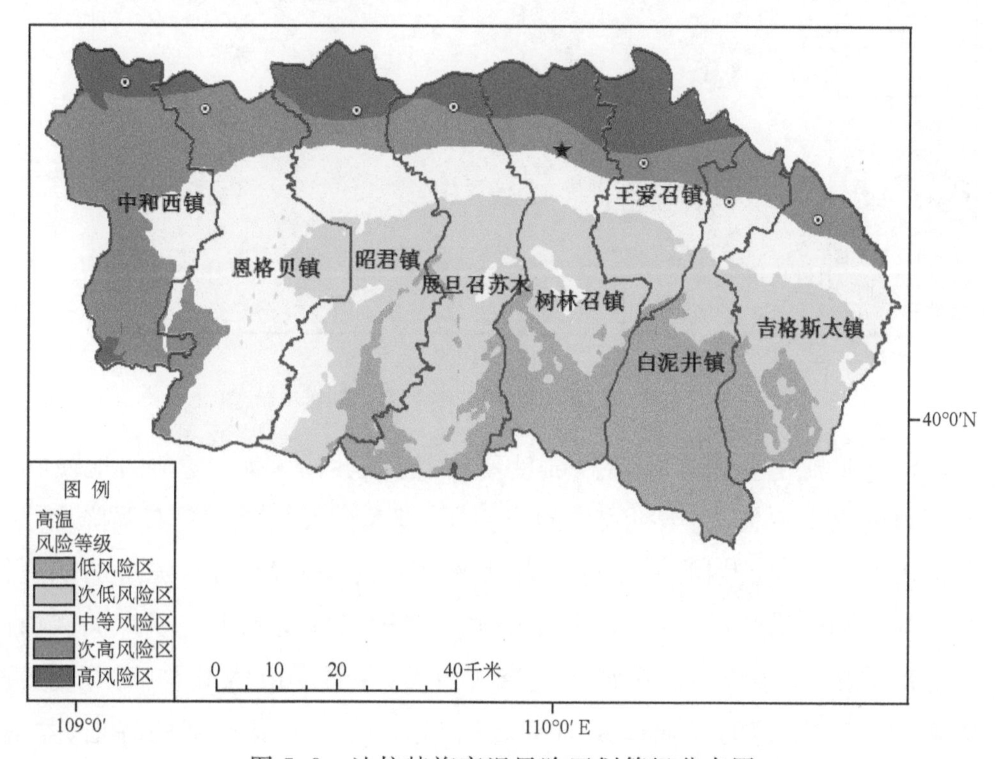

图5.8 达拉特旗高温风险区划等级分布图

5.3.7 暴雨洪涝、山洪灾害风险区划

暴雨洪涝灾害致灾因子主要考虑暴雨发生的强度及频率，所以灾害的危险性可用降水强度和降水频次表征；孕灾环境主要指地形起伏状况、河网密度等，承灾体易损性主要考虑人口密度、经济密度、耕地面积所占比例等，综合以上因

素,得出暴雨洪涝灾害风险区划图(图 5.9)。由图可见,达拉特旗暴雨洪涝灾害等级是由北向南递减的。达拉特旗北部的沿河地区大部分为暴雨洪涝灾害的高风险区,南部和中部的部分地区从次高风险区递减到低风险区。

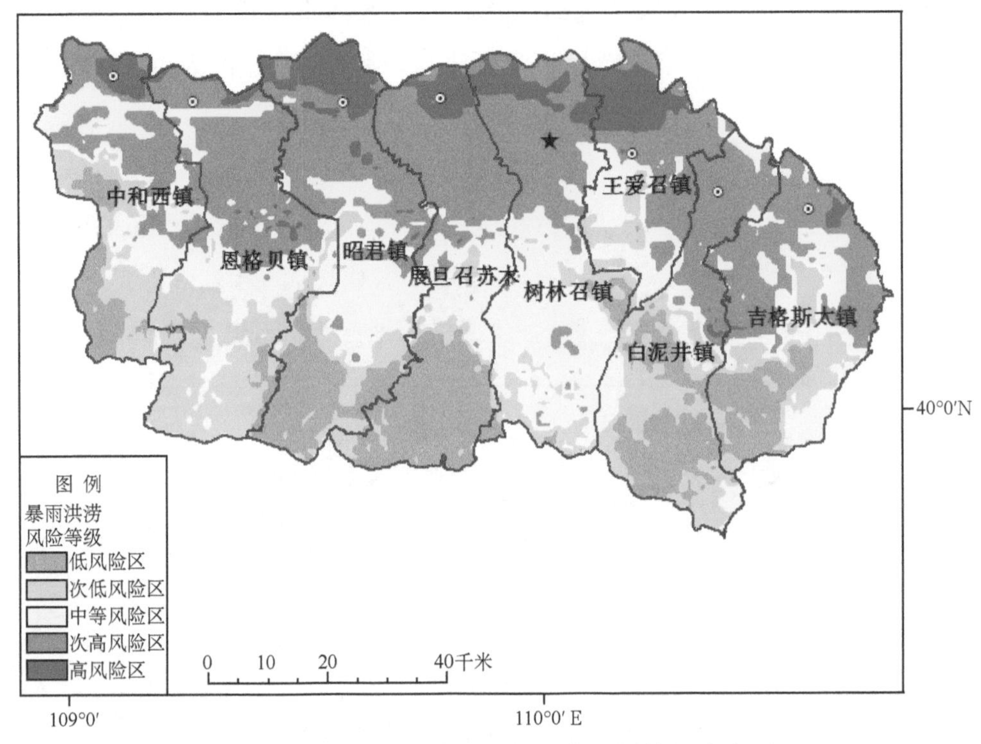

图 5.9 达拉特旗暴雨洪涝风险区划等级分布图

山洪的形成主要因素包括高强度暴雨、连续性的降水、复杂的地质构造以及严重的水土流失,而山洪灾害致灾因子,即起诱发因素的只有强降水。

山洪灾害风险区划的方法与暴雨洪涝灾害风险区划类似,灾害的危险性用降水强度和降水频次表征;仅是在孕灾环境敏感性指标上有所不同。山区由于地形陡峭,易于快速汇集径流而形成山洪,并引发山体滑坡、泥石流等次生灾害,尤其在山地的四周以及与平原相邻的地区,如有开阔的谷地、盆地,也容易造成山洪灾害。所以孕灾环境主要考虑地形因子如地形高程、高程标准差等地形起伏状况,承灾体易损性主要考虑人口密度、人均 GDP、地均 GDP、耕地面积所占比例等。综合以上因素,得出山洪灾害风险区划图(图 5.10)。从图上看,达拉特旗北部沿河的极少部分地区和南部大部地区处于山洪低风险区、从中部部分地区都处于在山洪灾害高风险区,北部大部地区又处于山洪中等风险区。

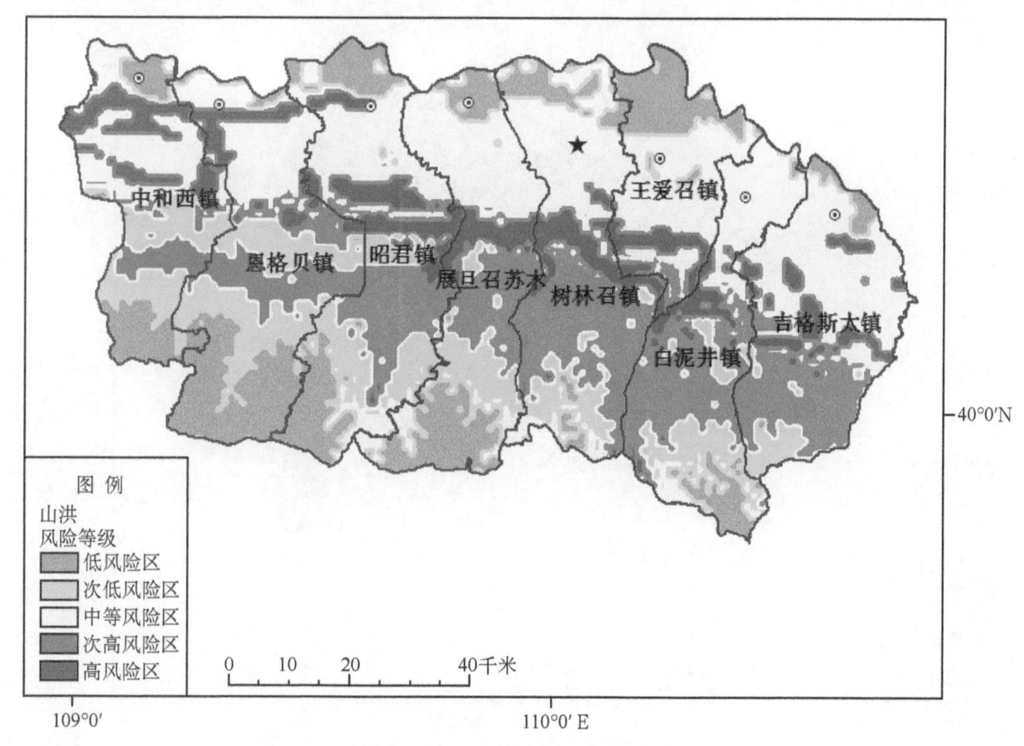

图 5.10　达拉特旗山洪风险区划等级分布图

5.3.8　寒潮风险区划

寒潮风险是指寒潮发生及其造成损失的概率。寒潮风险性主要考虑寒潮发生频率，易损性主要考虑受其影响的人口、财产损失等进行加权叠加，得到达拉特旗寒潮灾害风险区划图(图 5.11)。由图可见，达拉特旗的寒潮风险等级是树林召镇、白泥井镇和吉格斯太镇以南为寒潮高风险区。王爱召以北逐渐向东西延伸呈现递减的现象。

5.3.9　雷灾风险区划

雷电灾害风险是指雷击发生及其造成损失的概率。雷电风险性主要考虑雷电发生频率，雷电易损性主要考虑建筑物分布以及人口、经济密度进行加权叠加，得到达拉特旗雷电灾害风险区划图(图 5.12)。由图可见，雷电频率发生高、人口密集、经济发展水平比较高的地区雷电灾害风险较高。达拉特旗的树林召镇以北地区、王爱召镇西部地区为雷电灾害风险性高，西部的中和西镇、恩格贝镇、昭君镇为雷电低风险区。

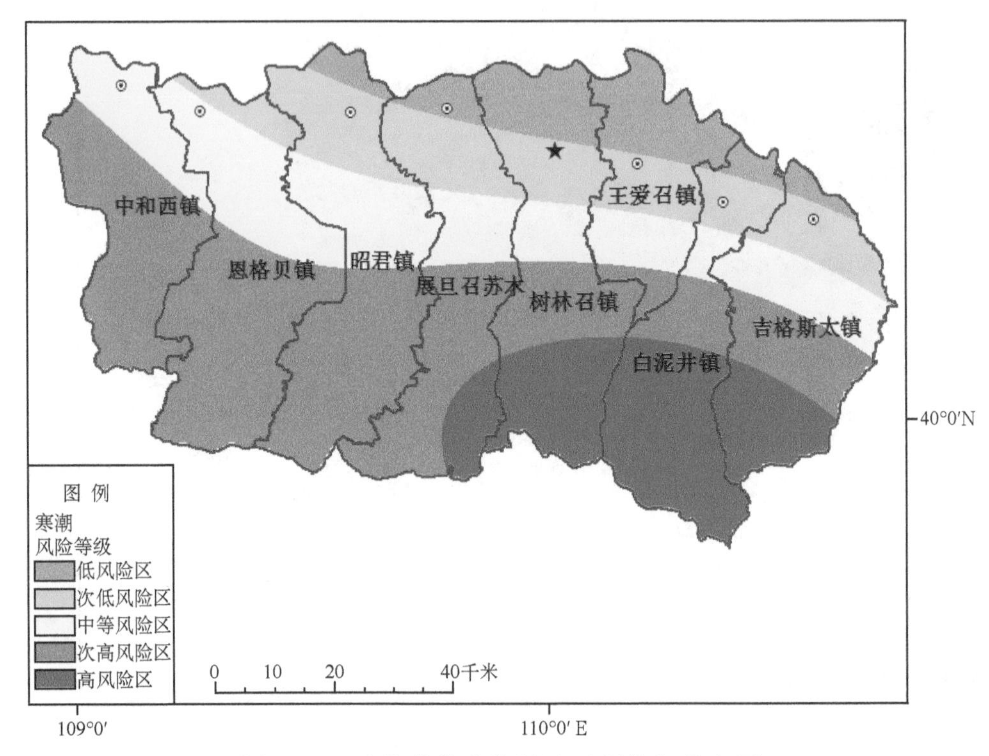

图 5.11 达拉特旗寒潮风险区划等级分布图

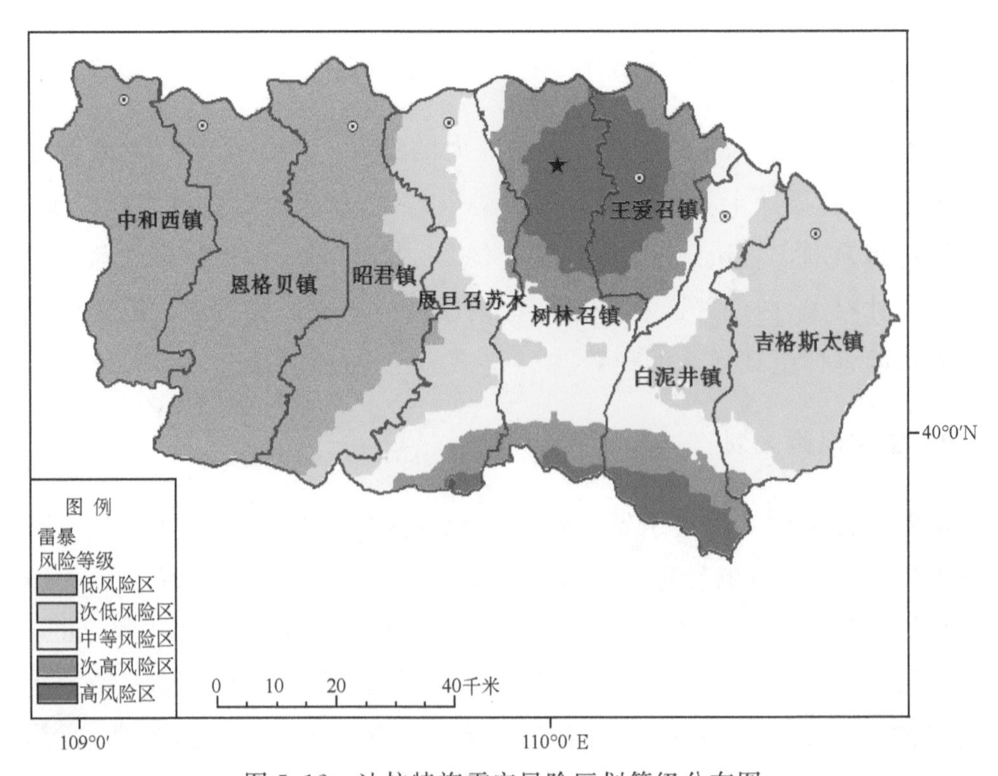

图 5.12 达拉特旗雷灾风险区划等级分布图

5.3.10　低温冷害风险区划

低温冷害致灾因子主要考虑低温发生的强度及持续时间，所以灾害的危险性可用低温冷害发生的频率表征；孕灾环境敏感性主要考虑地形高程和河网密度因子；承灾体易损性主要以地均 GDP、农作物播种面积比例和粮食单产为基本要素。对几个方面的要素进行加权叠加，得到达拉特旗低温冷害灾害风险区划图（图 5.13～5.14）。由图可以看出，达拉特旗恩格贝镇以西到中和西镇为低温冷害的高风险区，东部和沿河地区是粮食主产区，因此低温冷害对达拉特旗的影响也比较小。

严重的低温冻害主要是由西向东而减弱的，西部比较严重、从西向东严重风险等级是递减的。

5.3.11　气象灾害综合风险区划

根据各气象灾害对达拉特旗造成的损失确定权重值，将各灾种的风险指数进行叠加后计算综合风险指数，得到达拉特旗气象灾害综合风险图（图 5.15）。达拉特旗东南部综合风险指数较高，西部综合风险指数次之，北部风险指数最低。

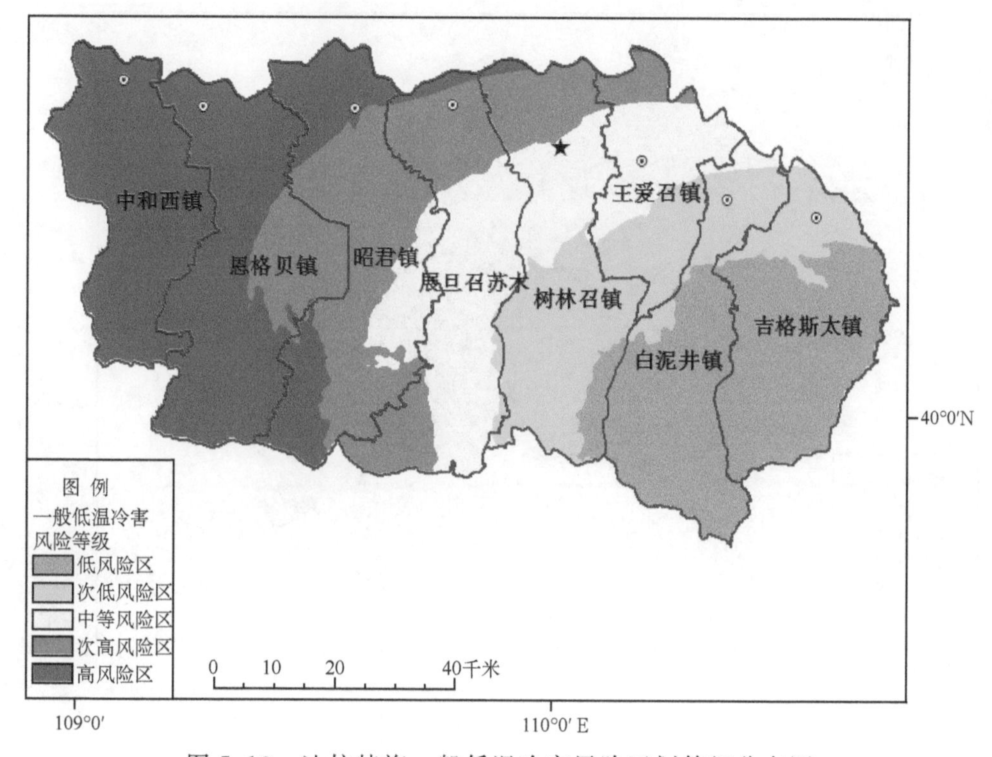

图 5.13　达拉特旗一般低温冷害风险区划等级分布图

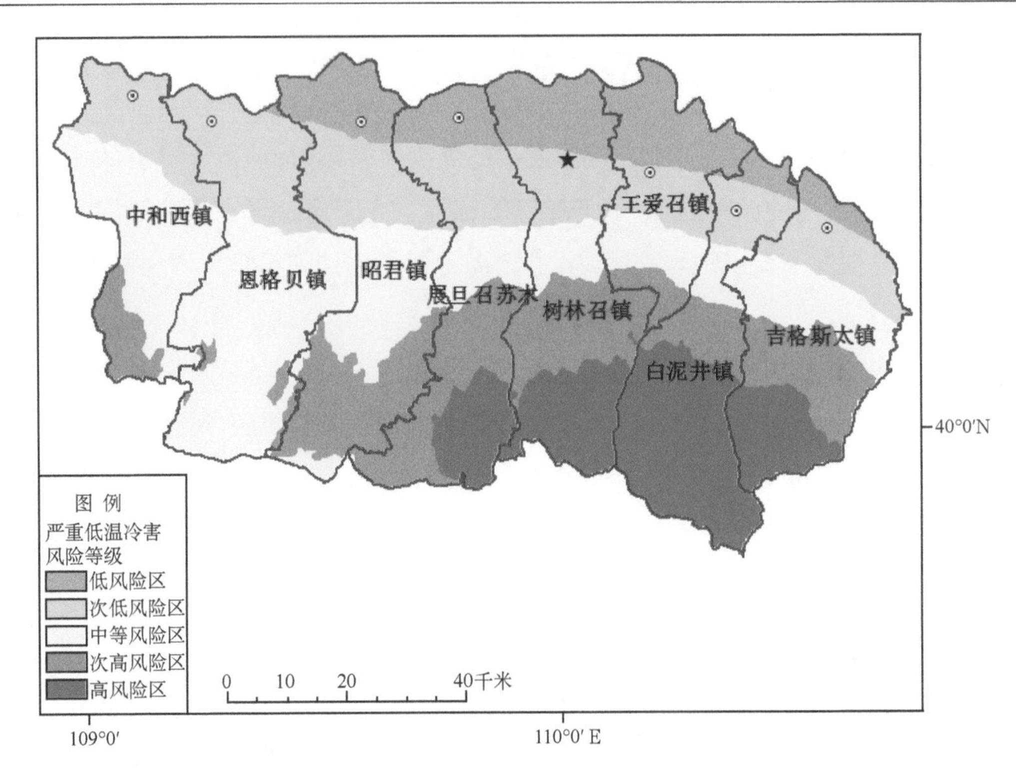

图 5.14 达拉特旗严重低温冷害风险区划等级分布图

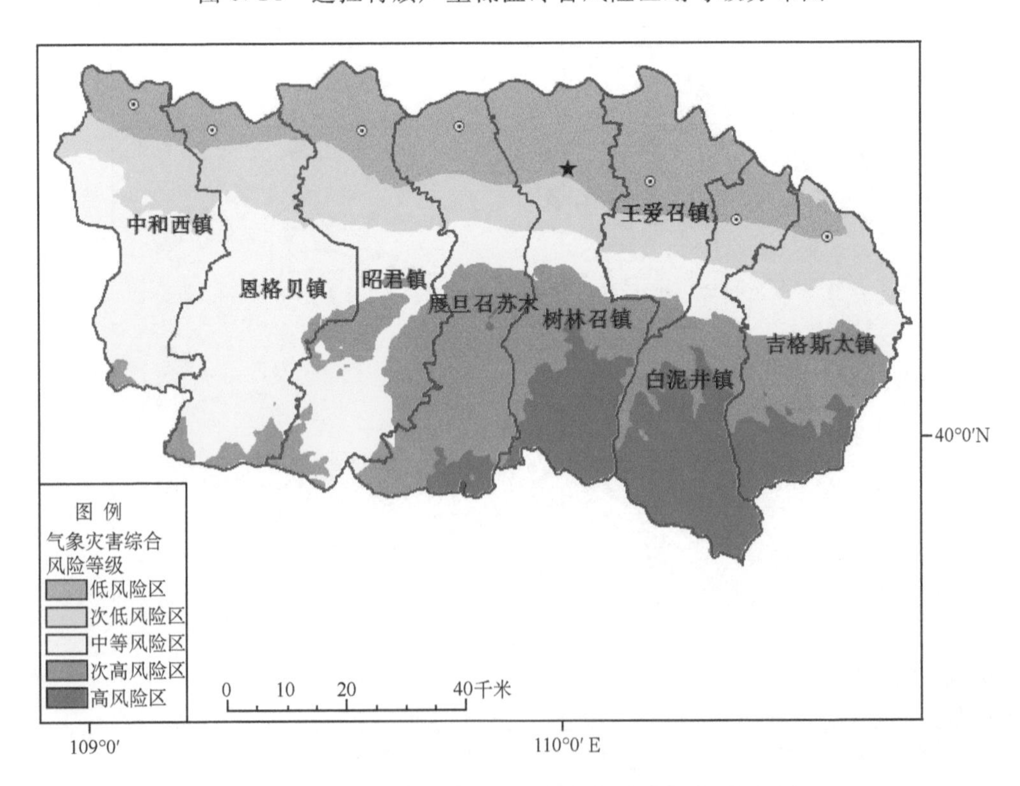

图 5.15 达拉特旗气象灾害综合风险区划分布图

5.4　气象灾害对敏感行业的影响与防御措施

气象灾害不仅给人民生命财产及经济社会发展带来了严重的影响，还对达拉特旗的粮食生产、社会安定、资源环境等构成严重威胁。因此，加强对气象灾害的分析研究，提升气象灾害预测、预报、预警服务能力和精细化水平，是保障人民生命财产安全，构建社会主义和谐社会、加快推进资源节约型和环境友好型社会建设，促进经济发展、社会进步的迫切需要。

5.4.1　气象灾害对农业的影响

农业是各类产业中对气象灾害反应最敏感，受影响最强烈的产业，在全球气候变暖大背景下，农业气象灾害发生频率增加、危害程度加剧，农业生产的不稳定性增加，农业遭受气象灾害的损失增加。

干旱是影响达拉特旗农牧业生产最严重的灾害，其次是洪涝、风沙、冰雹和寒潮等。旱灾在达拉特旗春、夏、秋季均可发生，可引起达拉特旗大面积农作物在不同季节的不同灾害，如无法播种、出苗率低、幼苗干枯死亡，不能正常拔节、抽穗，生长，在灌浆、乳熟到成熟期期间，因高温、缺水致使大面积减产至绝收。同时蔬菜、瓜果、花卉苗木等作物生理性病害和缺水死亡等，带来的损失非常严重。如1986年的旱灾极为严重，致使全旗有41400万亩作物受旱，受灾面积达17800万亩，粮食减产约3千万千克。1993年干旱全旗有38个村，152个社受灾，受灾人口达8万人，受灾牲畜(包括死亡的)1.6万头只，受灾作物50万亩。

冰雹主要危害春播作物及夏季生长、秋季成熟作物，严重时使部分地区农作物彻底毁灭，冰雹也是达拉特旗最严重的气象灾害之一。据统计，2006年7月26日至27日，达旗恩格贝镇、树林召镇、白泥井镇、吉格斯太镇受局地强对流天气影响，遭受持续20至30分钟冰雹袭击，冰雹直径最大为4.5厘米，有的灾区冰雹地面堆积厚度达12厘米。据达旗民政局统计，此次受灾农作物33666.7公顷，倒塌房屋16间，损害房屋2189间；受灾草牧场1000公顷，受灾牲畜0.2万头(只)，其中死亡牲畜0.1万头(只)；损毁牲畜棚圈242间(栋)，损毁蔬菜大棚14栋；直接经济损失约3.2亿元，其中农牧业直接经济损失3.18亿元。

大风、沙尘暴对设施农业影响较大，易造成大棚倒塌，农作物倒伏等。

低温冻害包括霜冻、寒潮，其中尤以春霜冻为主，达拉特旗大田作物播种晚，所以对大田作物危害不大。但对花果树、蔬菜等农作物损害较大。每年4月下旬到5月上、中旬陆续开花结果期，最易遭受霜冻害。

稳定通过10℃的活动积温是反映达拉特旗农业气候资源的一个主要指标，达拉特旗主要大田作物有玉米、糜子、谷子、大豆、向日葵、油料作物等，这些作物所需积温温度是1300～2800 ℃ · d之间，从稳定通过10℃的活动积温的年际变化可以看到，10℃的活动积温都在2500 ℃ · d以上（图5.16），对达拉特旗农业产业布局和产业结构调整产生较大影响。

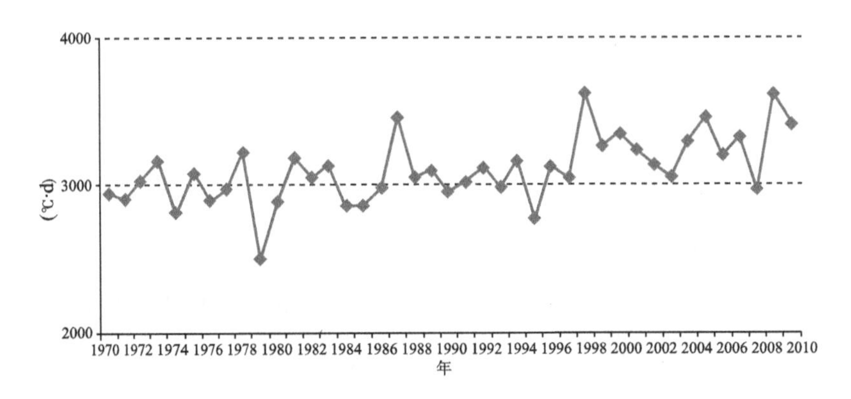

图5.16 稳定通过10℃的活动积温的年际变化

5.4.2 气象灾害对交通运输的影响

气象条件对交通运输的影响极大，大雾、雨雪、道路结冰、大风、沙尘暴天气等都对交通运输有较大的影响。大雾时能见度较低，容易引起交通事故。能见度低于100米的浓雾作为高速公路的雾害指标。暴雨对交通的影响较为严重，短时的强降水容易引起路面积水，淹没路面，甚至冲垮桥梁等，长时间的强降水，会引起公路积水，导致路基松动，路面坍塌；在地质灾害多发区域，暴雨极易引发次生地质灾害的发生，如泥石流等，影响交通运输。积雪和道路结冰是引发冬季交通事故的主要因素之一，由于寒潮降温引起的低温雨雪冰冻天气中，道路湿滑、结冰引起的汽车事故非常多。大风、沙尘暴对达拉特旗交通运输的影响主要表现在连续的大风或沙尘暴，能见度变得极低，空气混浊，风压增强，极易危及公路、桥梁等基础设施，易引发车辆出交通事故，影响交通运输和安全。

5.4.3　气象灾害对电力的影响

气象灾害会引起输电线路故障，其中影响严重的气象灾害有雷电、大风、沙尘暴等。输电线路由于遭受雷击，当雷电过电压超过线路绝缘水平时，就会引起绝缘子串闪络或线间、线对接地体闪络而发生故障。大风引起的振动会造成输电导线疲劳断股甚至断线。振荡、跳跃和舞动会造成导线间闪络，也会引起导线断股、断线。同时大风或沙尘暴使导线对杆塔放电或摆动周期不一，也会造成线间闪络，使导线烧伤、断股甚至断线。

5.4.4　气象灾害对城市建设的影响

气象灾害对达拉特旗建设的影响也显得日益突出，影响较大的有高温热浪、暴雨和城市内涝、雷电、大风及积雪等。持续高温天气还会造成单位、居民大量使用制冷设备，供电供水系统长时间超负荷用电，停电事件增加。汛期暴雨、连阴雨导致城区地势低洼、排水不畅的区域极易发生内涝，使得交通瘫痪，影响城市正常运转和市民正常生活，同时也容易导致大量物资被浸泡损坏或者企业被迫停产。雷击可能造成建筑物、电器的损坏，供电网络、计算机和网络通信系统的瘫痪，威胁人民生命财产安全。大风常常吹倒户外广告牌、树木等，造成人员伤亡及其他财产受损。城市冬季积雪会导致交通瘫痪、电讯中断、电力设施受损，企业生产受到影响。

5.4.5　气象灾害对旅游业的影响

达拉特旗主要旅游景区有响沙湾旅游区、恩格贝旅游区等，雨雪、寒潮、突发性强对流、大风沙尘、高温天气等都会影响达拉特旗旅游景区公共安全。

5.4.6　气象灾害对人体健康的影响

气象条件是影响人体生理、心理感觉的一种重要因素。气温过高或过低可以引发多种疾病，甚至死亡。大风沙尘中含有一些污染物，呼吸后对人体健康也不利，大气污染直接或间接地影响人体健康，引起感官和生理机能的不适反应，产生亚临床的和病理的改变，出现临床体征或存在潜在的遗传效应，发生急、慢性中毒或死亡等。

第6章 气象灾害防御措施

6.1 非工程性措施

6.1.1 防灾减灾指挥系统的建设

旗应急办突发应急平台建设 旗应急办作为旗政府的应急管理机构，应建立突发公共事件应急平台，统一协调灾害应急管理工作，支撑应急预案实施，提高政府应对突发公共事件的能力。应急平台包括应急日常值守、预案管理、信息接入与整合、应急处置、指挥调度等功能。通过对各职能部门各自分立、互不相通的信息等资源进行整合，形成一个以应急办为中枢，面向各职能部门提供统一服务、综合应急的指挥系统，逐步建立“结构完整、功能全面、反应灵敏、运转高效”的突发公共事件应急体系，全面履行政府应对突发公共事件的职责。同时，应发挥气象部门现有的突发公共事件预警信息发布平台，加强和完善气象灾害预警中心建设，逐步构建气象灾害“数字预案”。

旗防汛抗旱指挥系统建设 旗政府设立防汛抗旱指挥机构，办公室设在旗水务局。指挥机构实行统一领导，分级负责，建有完善的监测设施，完备的防汛抗旱预案和洪涝、干旱灾害处置应急措施，并及时向旗政府领导报告和传达自治区、市“防指”的各项指令，按指令对有关防洪抗旱工程进行调度，联络、协调各成员单位和各乡镇抗洪抗旱抢险救灾等工作。乡镇、村(社区)、企事业等基层单位，根据需要设立防汛抗旱办事机构，负责本行政区域或本单位的防汛抗旱和水利工程险情处置工作。

部门防灾减灾系统建设 冬季和夏季，达拉特旗容易出现寒潮、风、雨雪、冰雹、雷击和地质灾害。当监测到可能有重大灾情发生时，应及时成立相应的气象灾害防御临时指挥部，临时指挥部办公地点分别设在旗气象、国土部门。指挥机构要迅速反应，根据灾害应急预案，及时向有关单位布置防灾减灾工作。气象部门应逐步建立气象多灾种预警指挥中心，加强气象灾害防御管理，减少或避免因灾害带来的损失。

6.1.2　气象灾害监测监控

建立气象综合监测网　组建 20～40 千米网格自动气象监测网，实现乡镇全覆盖，在山洪和地质灾害易发区域建立雨量监测站点；在旅游景区和农业基地、设施农业基地建立多要素自动气象站。

建立远程监控系统　全旗设立 8 个气象灾害实景视频远程监控系统，在气象灾害高风险区，加密视频实况监测点。在农业示范园区，开展农作物旱涝墒情监测，加强水文监测设施建设。

建设卫星和雷达信息接收处理系统　建设气象卫星信息接收处理系统。依托国家和鄂尔多斯市雷达观测网，建立达拉特旗雷达信息共享系统。

建立完善实时气象报警系统　建立中尺度气象自动站网气象资料实时处理平台，当雨量、风速、气温等要素达到警戒指标时，实现自动报警。

建立气象灾害监测资料图形显示系统　实现气象监测、雷达探测、卫星遥感等资料在气象预警中心实时动态显示。

6.1.3　气象灾害预测预警

完善达拉特旗气象灾害的预报警报系统和气象灾害预警信息发布系统，开展灾害性天气和气象灾害的短时临近预报业务，建立覆盖面广、响应及时的气象灾害预警信息发布体系。

开展精细化的气象灾害预报预警服务　应用各种实时观测资料，对上级台站的预报进行小空间尺度的订正，提高气象灾害精细化预报警报质量，实行从灾害性天气预报向气象灾害预报的转变。

完善气象预报预警业务流程　完善达拉特旗短时临近预报和警报的业务流程，实时发布灾害性天气和气象灾害的种类、强度、落区的警报，开展跨部门、跨地区气象灾害联防。

开拓预警信息发布和接收渠道　依托突发公共事件预警信息发布平台，推广手机短信、广播电台、小区广播、农村有线广播直播系统、移动掌上气象台，农村气象预警电子显示屏等发布渠道，开展乡镇“信息直通系统”服务，解决预警信息及时传递到村到户。

6.1.4 气象灾害防御

6.1.4.1 暴雨洪涝灾害防御

加强暴雨预报预警 做好暴雨的预报警报工作，根据暴雨预报及时做好暴雨来临前的各项防御措施。认真检查防洪工程，发现隐患，立即整改，城市地下排水系统要采取预排空措施，防止城市内涝。

加强防洪工程建设 在洪涝高风险区，应提高水利设施的防御标准与经济发展相适应，降低暴雨洪涝灾害发生的风险性。对防洪工程开展综合治理，合理采取蓄、泄、滞、分等工程措施。

加强防洪应急避险 居住在病险水库、病险淤地坝下游、山体易滑坡地带、低洼地带、有结构安全隐患房屋等危险区域人群，遇到洪涝灾害应及时转移到安全区域。

加强农田堤坝防护 做好大田作物和设施农业田间管理，加强农田排涝设施建设和维护，遇洪涝灾害及时做好排涝。

6.1.4.2 小流域山洪防御

提升山洪监测预警能力 小流域山洪高风险区应设置警示牌，配备报警器。每个流域、每个村应设置水位、雨量观测设施，落实预警员、观测员，提高小流域山洪灾害的监测预警能力，增强小流域山洪防御水平。

编制山洪灾害防御预案 建立镇村两级防洪避洪管理组织和村级防洪避洪组织网络，明确防御工作责任。完善防御小流域山洪灾害的保障体系，开展小流域山洪灾害防御预案演练。

加强水利工程巡查与监控 加强对上游山塘、水库、淤地坝以及河道堤防等水利工程的巡查，密切监视暴雨可能引发的小流域洪灾、山体滑坡、泥石流等气象次生灾害。

加强小流域防洪工程建设与管理 对小流域工程进行整治，除险加固，达到20年一遇的防御标准。加强高风险区建筑物安全管理，小流域山洪高风险区农民自建房要符合防山洪防御标准。

6.1.4.3 地质灾害防御

建立健全地质灾害监测预警网络 开展地质灾害调查评价，完善地质灾害群测群防网络体系，建立重要突发性地质灾害及地面沉降专业监测网络，实现地质灾害的监测预警。

提高地质灾害应急处置与救援能力　加强地质灾害应急处置和救援能力建设。组建应急队伍开展救援演练，当收到地质灾害预警信息后，受影响地区的公众应当立即撤离危险区。地质灾害发生后，应急小分队应快速反应，立即奔赴事发地点实施救援。

加大地质灾害勘查治理和搬迁避让　根据地质灾害点的规模危害程度、防治难度以及经济合理性等实际情况，分别提出实施应急排险，勘查治理或搬迁避让的具体措施。

强化工程与地质灾害危险性评估　强化地质灾害易发区工程建设项目及城市总体规划，村庄集镇规划的地质灾害危险性评估，提出预防和治理地质灾害的措施，从源头上控制和预防地质灾害，最大限度降低建设工程风险和维护费用。

加强地质灾害防治　积极推进新农村建设中各项地质灾害防治工作，做好农村受灾被毁耕地及基础设施的恢复、整理和重建，加强农村地质灾害基本知识宣传，提高广大农民防灾抗灾意识和自救互救能力。

加强地质灾害防治信息系统建设　大力推进地质灾害防治信息资源的集成、整合、利用与开发，促进信息共享，实现地质灾害防治管理网络化、信息规范化、数据采集与处理自动化。

6.1.4.4　干旱防御

加强干旱监测预报　重视干旱监测预报，开展土壤墒情监测，建立与旱灾相关的气象资料和灾情数据库，对达拉特旗干旱灾害高风险区，开展干旱预测，实现旱灾的监测预警服务。

适时开展人工增雨　对将出现或已出现旱情的地区进行调查，开展干旱状况评估，指导适时开展人工增雨作业，合理开发利用空中水资源，减少干旱损失，改善生态环境。

推广节水灌溉技术　加强设施农业旱涝墒情专项服务，建立“农业电脑”工作站，推广应用先进的喷灌、滴灌等节水灌溉技术，建设滴灌示范工程，提高水资源利用率。

重视水利工程建设　整修水库和抗旱提水工程，切实加强农田水利建设，在重视大型水利工程的同时，在山区着力发展各类投资少、见效快的小型水利工程建设。

加强防旱植被建设　对于干旱发生的高风险区，加大绿化力度，在交通主干道两侧建设“绿色长廊”，推进农村绿化建设，减少农田水分蒸发。因地制宜地推广耐旱作物或树种的种植。

6.1.4.5　大风、沙尘暴防御

加强大风、沙尘暴监测预报预警　气象部门应做好大风监测预报，当有大风、沙尘暴、寒潮、强对流天气来临时，及时向社会公众发布大风、沙尘暴预警信息和防御指南。

加强大风沙尘暴灾害防御　在接收到大风、沙尘暴预报或预警信息后，应根据防御指引，及时科学地加固棚架、临时搭建物、广告牌及现代农业设施，停止露天集体活动，停止高空、水上户外作业。

加强防风设施建设　永久性和临时建筑以及农业产业、农业设施等应根据大风灾害风险区划进行规划，加大对防风设施建设的投入力度。大力推广果园、花卉苗木等园区防风林带建设。

6.1.4.6　雷电防护

加强防雷安全管理　建立防雷管理机制，制定农村防雷技术规范。各乡镇和有关单位应根据雷击风险等级，采取定期检测制度，发现雷击隐患及时整改，减少雷击灾害事故。

加强科普教育宣传　加强雷电科普知识和防雷减灾法律法规宣传，实现雷电防护知识进村入户，提高群众防雷减灾意识。增强群众自我防护和救助能力，有效减轻雷电灾害损失。

加强雷电监测与预警　按照“布局合理、信息共享、有效利用”的原则，规划和建设雷电监测网，提高雷电灾害预警和防御能力，及时发布、传播雷电预警信息，扩大预警信息覆盖面，提前做好预防措施。

加强雷电技术服务　规范和加强防雷基础设施的建设。做好雷击风险评估、防雷装置设计技术性审查和防雷装置检测工作。建立防雷产品测试和检验技术体系，保证防雷产品的质量安全。

加强雷击灾害调查分析　做好雷击灾害调查和鉴定工作，提供雷击灾害成因的技术性鉴定意见，为雷击灾害事故的处理及灾后整改与预防提供科学客观的法律依据。

6.1.4.7　冰雹防御

提高冰雹监测和预报水平　加强气象雷达跟踪探测，开展冰雹等强对流天气预报技术研究，探索冰雹临近预报，进一步提高预报准确率。

加强人工防雹联防联动　通过与上级部门合作，必要时调配部分旗的防雹火箭车实行联防作业，以减轻重要基地的冰雹危害。

6.1.4.8　高温热浪防御

加强高温热浪预报预警　做好高温的监测和预报，通过多种渠道，及时向群众发布高温预警以及防御对策。

做好高温热浪防御　根据气象台发布的高温预报，做好各种防暑准备，各相关部门应做好供电、供水、防暑医药用品和清凉饮料供应准备，并改善工作环境及休息条件。

削弱高温热浪影响　在高温风险度较高的区域，房屋住宅等建筑设计应当充分考虑防暑设施，注意房屋通风。加强城市绿化建设，削弱“热岛”效应，减轻城市高温危害。

6.1.4.9　雪灾防御

加强大雪监测预报预警　做好降雪监测预报和预警信号的发布，雪灾高风险区，遇降雪天气应积极发挥气象助理员队伍作用，进行相关降雪的监测。为设施农业和各企事业单位开展雪灾预报服务。

强化雪灾应急联动　制定冰雪灾害专项应急预案，落实防雪灾和防冻害应急工作。加强气象与建设、交通、电力、通信等部门的协作和联动，开展雪灾防御工作。

做好敏感行业雪灾防御　农业、林业、交通、电力等部门应根据预警信息、防御指引和应急预案加强和指导抗雪灾工作。做好农业设施、输电设施、钢构厂房的抗雪压标准化建设。

6.1.4.10　低温冰冻的防御

做好低温冰冻预报预警　气象部门应做好低温冰冻、道路结冰等预报服务，及时发布预警信息，提醒相关部门和公众按照防御指引做好防冻保暖措施。

做好农作物防冻工作　农业、林业等部门应加强指导各地经济作物和设施农业田间管理，积极采取科学防冻措施。选育抗冻抗寒良种，提高农作物抵御低温冰冻能力。

6.1.4.11 雾防御

开展雾天气预报服务 积极开展对雾天气形成机理的研究，进一步提高雾预报准确率，及时将预报预警信息传递给社会公众和相关部门。

因地制宜制定应急预案 制定一套适合本地特点、行之有效的大雾应急预案，在连续出现大雾并可能对敏感行业造成影响时，有关部门应采取措施进行有效调度，避免或减轻因大雾造成的人员伤亡和经济损失。

加强雾防御 气象和交通部门应加强合作联动，建立高速公路、航运水道大雾监测预警系统，开展雾对交通影响的研究，遇雾天气及时采取必要措施，减少因雾引起的交通事故。

6.1.4.12 森林火灾防御

开展森林火险等级预报 在每年11月15日至第二年5月15日防火戒严期，制作24小时森林火险等级预报，通过广播、电视、报纸、手机短信等多种渠道对外发布。高火险期间适时开展人工增雨作业。

加强森林火险检测监控 建立森林灾害远程视频监控系统，建立监控中心和前端监控点。在每年3月15日至5月15日重点防火期，关注森林火险等级预报，安排人员24小时值班。

加强森林消防宣传教育 积极组织开展森林防火宣传活动，广泛宣传森林消防法规、制度和防扑火知识、全面提高广大群众法制意识及安全意识。

加强森林火险隐患整治 开展森林火险隐患整治月活动，对一般隐患落实巡查人员进行循环检查，对重点隐患落实专人看守。建立森林消防物资储备库，为扑救重特大森林火灾提供保障。

加强森林防火督查指导 在森林火险高风险区和易发时间段，及时组织督查人员进行督查指导，加强火源管理，严控火种进山，减少火险隐患，最大限度遏制火灾发生。

6.2　工程性措施

6.2.1　防汛抗旱工程

6.2.1.1　城市防洪工程

达拉特旗树林召镇所在地位于呼—包—鄂经济腹地、有包神铁路、210 国道、109 国道及包东高速公路贯穿旗境，境内川、沟壑、丘陵众多。与城市规划相适应，进一步完善、提升、合理布局现有防洪工程和城区雨水专项规划，使城市防洪工程达到 50 年一遇防洪标准，20 年一遇排涝标准。

6.2.1.2　人工影响天气工程

受气候变化和环境影响，近年来达拉特旗高温、旱情发生频繁。为合理开发和利用空中水资源，缓解高温干旱，改善生态环境，旗政府加大“人工影响天气”工程建设投入力度，成立达拉特旗人工影响天气指挥部，指挥部办公室设在旗气象局，负责指挥管理、天气监测预报和人工增雨作业，建立人工增雨基地，配备必要的增雨作业装备。

6.2.2　防雷工程

加强雷电探测、预警预报和防雷装置建设，覆盖率要求达 100%。针对不同的建(构)筑物或场所，不同的信息系统及电子设备、电气设备，不同的地质、地理和气象环境条件，开展雷击风险评估，量身定制雷电防护方案与防雷措施。重视农村地区的防雷工作，规范和加强农村地区的防雷安全监督和检测工作。按计划推进农村防雷示范村和示范工程建设。

6.2.3　应急避险工程

各乡镇、行政村要根据当地实际，建立气象灾害应急避灾点，在醒目位置挂置旗气象灾害应急领导小组办公室制发的“气象灾害应急避险安置点”标志。避险场所的容纳力应根据实际情况和需求确定，要求地势较高、不受山洪和地质灾害影响、交通便利、钢混结构、防雷设施检测合格、能抵御 10 级以上大风、沙尘暴和 20 厘米以上积雪等重大灾害性天气的袭击，医疗救治、电力供应、救灾物资有保障。

6.2.4 信息网络工程

实施“农村气象防灾减灾”和“信息进村入户”两大工程，建立气象灾害监测资料实时传输网络。完善国家、自治区、市、旗气象高速宽带网和气象会商系统。建立和完善气象部门与乡镇的视频会商系统和信息直通系统。完善掌上气象台 WAP 站。完善气象预警信息发布系统，建立基于 GIS 的气象灾害决策服务系统。完善突发公共事件应急平台和防汛抗旱指挥部信息网络工程建设。

6.2.5 应急保障工程

加强应急保障工程建设，完善应急保障机制，配备气象应急车。当旗内化工企业、油库等高危单位及交通干道等公共场所发生危险易燃易爆化学品、有毒气体泄漏扩散时，第一时间开展气象应急保障。充分利用公共突发事件应急平台，实施全程监测预警，提供跟踪气象服务，为应急处置、决策服务提供科学支撑。

第7章　气象灾害防御管理

7.1　组织体系

7.1.1　组织机构

气象灾害防御工作涉及社会的各个方面，需要各部门的通力合作，成立由旗政府领导下，各有关部门为主要成员的旗气象灾害防御领导小组，负责气象灾害防御管理的日常工作。下设三个办公室，即气象灾害应急管理办公室、人工影响天气办公室、防雷减灾管理办公室。各乡镇(街道)按“五有”(有职能、有人员、有场所、有装备、有考核)标准组建气象信息站，明确分管领导，落实气象灾害防御任务。

7.1.2　工作机制

建立健全“政府领导、部门联动、分级负责、全民参与”的气象灾害防御工作机制。加强领导和组织协调，层层落实“责任到人、纵向到底、横向到边”的气象防灾减灾责任制。加强部门和乡镇分灾种专项气象灾害应急预案的编制和管理工作，并组织开展经常性的预案演练。健全“市、旗(区)、乡镇、村”四级信息互动网络机制，完善气象灾害应急响应的管理、组织和协调机制，提高气象灾害应急处置能力。

7.1.3　队伍建设

加强气象灾害防范应对专家队伍、应急救援队伍、气象助理员(信息员)队伍和气象志愿者队伍建设。乡镇和有关部门应设置气象助理员，明确气象信息员任职条件和主要任务，在行政村(嘎查、社区)设立气象信息员，在有关企事业单位、关键公共场所以及人口密集区建立气象志愿者队伍，不断优化完善助理员队伍培训和考核评价管理制度。

7.2 气象灾害防御制度

7.2.1 风险评估制度

风险评估是对面临的气象灾害威胁、防御中存在的弱点、气象灾害造成的影响以及三者综合作用而带来风险的可能性进行评估。作为气象防灾减灾管理的基础，风险评估制度是确定灾害防御安全的一个重要途径。

建立城乡规划、重大工程建设的气象灾害风险评估制度。建立相应的强制性建设标准，将气象灾害风险评估纳入城乡规划和工程建设项目行政审批内容。确保在规划编制和工程立项中充分考虑气象灾害的风险性，避免和减少气象灾害的影响。

达拉特旗气象局组织开展本辖区气象灾害风险区划和评估，分灾种编制气象灾害风险区划，为旗政府经济社会发展布局和编制气象灾害防御方案、应急预案提供依据。风险评估的主要任务是识别和确定面临的气象灾害风险，评估风险强度和概率以及可能带来的负面影响和影响程度，确定受影响地区承受风险的能力，确定风险消减和控制的优先程度与等级，推荐降低和消减风险的相关对策。

7.2.2 部门联动制度

部门联动制度是全社会防灾减灾体系的重要组成部分，应加快减灾管理行政体系的完善，出台明确的部门联动相关规定与制度，提高各部门联动的执行意识和积极性。针对气象灾害、安全事故、公共卫生、社会治安等公共安全问题的划分，进一步完善政府与各部门在减灾工作中的职能与责权的划分，加强对突发公共事件预警信息发布平台的应用，做到分工协作，整体提高，强化信息与资源共享，加强联动处置，完善防灾减灾综合管理能力。

7.2.3 应急准备认证制度

减少气象灾害风险最好的办法是根据预警信息科学有效地进行撤离、疏散、躲避和防御。要真正降低气象灾害风险,不仅应提高气象灾害的监测预报准确率和气象服务保障水平,更要在平时加强气象灾害的应急准备工作,提高基层单位的主动防御能力,从而将全社会气象灾害应急防御提高到一个新的水平。为有效促进和提高基层单位的气象灾害应急准备工作和主动防御能力,推动全社会防灾减灾体系建设,需要实施气象灾害应急准备认证制度。

气象灾害应急准备工作认证,是对乡镇(街道、开发区)、气象灾害重点防御单位、普通企事业单位、农牧业种养大户等的气象防灾减灾基础设施和组织体系进行评定,以此促进气象灾害应急准备工作的落实,提高气象灾害预警信息的接收、分发、应用能力和气象灾害的监测、报告、应对能力,从而确保重大气象灾害发生时,能够有效保护人民群众的生命财产安全。

7.2.4　目击报告制度

目前,气象设施对气象灾害的监测能力虽然有了显著增强,但仍然存在许多监测缝隙,需要建立目击报告制度,使旗气象局对正在发生或已经发生的气象灾害和灾情有及时详细的了解,为进一步的监测预警打下基础,从而提高气象灾害的防御能力。各乡镇(街道、开发区)气象信息站以及乡镇、村嘎查气象助理员、气象信息员应及时收集上报辖区内发生的灾害性天气、气象灾害、气象次生灾害及其他突发公共事件信息,并协助气象等部门工作人员进行灾害调查、评估与鉴定。鼓励社会公众第一时间向旗气象局、乡镇气象信息站上报目击信息,经核实后,对目击报告人员给予一定的奖励。

7.2.5　气候可行性论证制度

为避免或减轻规划建设项目实施后可能受气象灾害、气候变化的影响,及其可能对局地气候产生的影响,依据《中华人民共和国气象法》、《内蒙古自治区气象条例》和国家《气候可行性论证管理办法》,建立气候可行性论证制度,开展规划与建设项目气候适宜性、风险性以及可能对局地气候产生影响的评估,编制气候可行性论证报告,并将气候可行性论证报告纳入规划或建设项目可行性研究报告的审查内容。

7.3 气象灾害应急处置

7.3.1 组织方式

旗政府是全旗气象灾害应急管理工作行政领导机构，旗气象灾害防御工作领导小组是全旗气象灾害应急管理工作行政领导机构，旗气象局负责实施气象灾害应急工作和指挥机构的日常工作。

7.3.2 应急流程

预警启动级别　按气象灾害的强度，气象灾害预警启动级别分为特别重大气象灾害预警（Ⅰ级）、重大气象灾害预警（Ⅱ级）、较大气象灾害预警（Ⅲ级）、一般气象灾害预警（Ⅳ级）四个等级。达拉特旗气象局根据气象灾害监测、预报、预警信息及可能发生或已经发生的气象灾害情况，响应市气象局启动不同预警级别的应急响应，报送旗政府和相关机构，并通知达拉特旗气象灾害防御工作领导小组成员单位和各乡镇人民政府。

应急响应机制　对于即将影响全旗较大范围的气象灾害，旗气象灾害防御指挥机构应立即召开气象灾害应急协调会议，做出响应部署。各成员单位按照各自职责，立即启动相应等级的气象灾害应急防御、救援、保障等行动，确保气象灾害应急预案有效实施，并及时报告旗人民政府和灾害防御指挥机构，通报各成员单位。对于突发气象灾害，旗气象局直接与受灾害影响区域的单位联系，启动相应的村镇、社区应急预案。

信息报告和审查。各地出现气象灾害，单位和个人应立即向旗气象局报告。旗气象局对收集到的气象灾害信息进行分析核查，及时提出处置建议，迅速报告旗指挥机构，并上报上级气象主管机构。同时，要加强联防，并通报下游地区做好防御工作。

灾害先期处置　气象灾害发生后，事发地乡镇人民政府、旗有关部门和责任单位应及时、主动、有效地进行处置，控制事态，并将事件和有关先期处置情况按规定上报旗气象局和旗政府应急管理办公室。

应急终止　气象灾害应急结束后，由旗气象局提出应急结束建议，报旗气象灾害防御工作领导小组同意批准后实施应急终止。

7.4　气象灾害防御教育与培训

7.4.1　气象科普宣传教育

积极推进气象科普示范村创建，动员基层力量广泛开展气象科普工作。旗、乡（镇、苏木）、村、嘎查要制定气象科普工作长远计划和年度实施方案，并按方案组织实施，把气象科普工作纳入经济社会发展总体规划。各级领导要重视气象科普工作，乡镇、村嘎查要有科普工作分管领导，并有专人负责日常气象科普工作。科普示范村建有由气象信息员、气象科普宣传员、气象志愿者等组成的气象科普队伍，经常向群众宣传气象科普知识，每年结合农时季节，组织不少于两次面向村民的气象科普培训或科普宣传活动。

7.4.2　气象灾害防御培训

实施全民气象灾害防御培训工程，广泛开展气象灾害防御知识宣传，增强人民群众气象灾害防御能力。加强对农牧民、中小学生的防灾减灾知识和防灾技能的宣传教育，将气象灾害防御知识列入中小学教育体系。定期组织气象灾害防御演练，提高全社会灾害防御意识和正确使用气象信息及自救互救能力。

把气象信息员的气象防灾减灾知识培训纳入行政学校培训体系，气象助理员和信息员是气象部门的“耳目”，肩负着协助气象部门对本辖区内气象信息的传播，气象灾害防御，气象灾害的调查和上报，以及对气象基础设施的维护等工作。对气象信息员队伍进行系统和专业的培训是十分必要的。把气象信息员的气象防灾减灾知识培训纳入行政学校培训体系，可以很好地利用现有的社会资源，在节省大量的人力、物力的同时，尽可能使得培训常态化、规模化、系统化，为气象助理员队伍健康发展奠定坚实基础。

第8章 气象灾害评估与恢复重建

8.1 气象灾害调查评估

8.1.1 气象灾害的调查

气象灾害发生后，以民政部门为主体，对气象灾害造成的损失进行全面调查，水利、农牧业、林业、气象、国土、建设、交通、环保、保险等部门按照各部门职责，共同参与调查，及时提供并交换水文灾害、重大农牧业灾害、重大森林火灾、地质灾害、环境灾害等信息。气象部门还应当重点调查分析灾害的成因。

8.1.2 气象灾害的评估

达拉特旗气象局应当开展气象灾害的预评估、灾中评估和灾后评估工作。

规划论证评估 在城乡规划、重大工程建设的审批过程中，充分考虑气象灾害的影响，采取相应规避、防御措施。

灾前预评估 气象灾害出现之前，依据灾害风险区划和气象灾害预报，对将受影响区域和等级做出可能影响的评估，是旗政府启动防御方案的重要依据。预评估应当包括气象灾害强度、可能影响区域、影响程度、影响行业，提出防御对策建议。

灾中评估 对影响时间较长的气象灾害，如干旱等进行灾中评估。跟踪气象灾害的发展，应用上级气象部门卫星、雷达等指导产品和区域自动气象站等先进技术，快速反应灾情实况，预估已造成的灾害损失和可能扩大的损失，同时对减灾效益进行评估。开展气象灾害实地调查，及时与民政、水利、农业、林业等部门交换、核对灾情信息，并按灾情直报规程报告上级气象主管机构和市政府。

灾后评估 灾后对气象灾害成因、灾害影响以及监测预警、应急处置和减灾效益做出全面评估，编制气象灾害评估报告，为政府及时安排救灾物资、划拨救灾经费、科学规划和设计灾后重建工程等提供依据。在充分调查研究当前灾情并与历史灾情进行对比的基础上，不断修正完善气象灾害风险区划、应急预案和防御措施，更好地应用于防灾减灾工作。

气候变化的评估　开展气候变化事实及演变规律的监测分析，加强全球气候变暖背景下气象灾害发生和发展规律研究，开展气候变化对极端气象灾害事件，以及对经济、社会、国防、能源、水资源、农业和粮食、生态环境等的影响评估和应对措施研究；建立集气候变化监测、预测、影响评估、应对为一体的气候变化业务。

8.2 救灾和恢复重建

8.2.1 救灾

开展灾民救助安置　建立气象灾害防御社会响应系统。由政府相关部门组织实施灾民救助安置和管理工作，确保受灾民众的灾后生活保障。

实施综合性减灾工程　修订灾后重建工程建设设计标准，损毁标准和修复标准、灾害损失评估标准、重建工程质量标准与技术规范、重建工作管理规范标准等。

完善灾害保险机制　发展各种形式的气象灾害保险，扩大灾害保险的领域，提高减灾的社会积极效益。

8.2.2 恢复重建

灾害恢复重建既是灾害发生后救灾工作的继续，也是建设与发展、对灾毁家园的恢复和经济发展新的增长点。根据减灾与发展要求，灾后重建工作要由传统的救灾安置转为适应可持续发展战略需要的发展型灾后重建。各有关部门应当在对受灾情况、重建能力及可利用资源评估后，制定灾后重建和恢复生产、生活的计划，报旗政府批准后进行恢复、重建。

灾害后重建需要高新科技的支持和高水平灾害科学理论的指导。科研技术部门要加强相关理论和技术的研究，特别是灾后重建的重大工程技术研究，如工程建筑技术、受灾体探伤技术、质量检验技术、信息处理传输技术等。

第9章 保障措施

9.1 加强组织领导

充分认识气象灾害防御的重要性，把气象灾害防御做为当前的一项重要工作，放在突出位置。成立由旗政府统一领导，气象、水利、建设等相关部门主要负责人参与的气象灾害防御指挥部，统一决策、统一开展气象防灾减灾工作。要紧紧围绕防灾减灾这个主题，把气象灾害防御培训作为一个基础性工作来抓，为加强气象灾害防御组织领导夯实思想基础和组织基础。

9.2 纳入发展规划

坚持以“创经济强旗、建生态达旗、构和谐社会”为战略目标，在制订达拉特旗社会经济发展规划大纲、旗总体规划时，把气象灾害防御工作纳入到总体规划之中，把气象事业发展纳入全旗经济发展的中长期规划和年度计划。在规划和计划编制中，充分体现气象防灾减灾的作用和地位，明确气象事业发展的目标和重点，实现达拉特旗经济社会和气象防灾减灾的协调发展。

9.3 强化法规建设

加强气象法制建设和气象行政管理。切实履行社会行政管理职能，创新管理方式，依法管理涉及气象防灾减灾领域的各项活动，不断提高气象灾害防御行政执法的能力和水平。加大对气象基础设施保护和对气象探测、公共气象信息传播、雷电灾害防御等活动监管的力度，确保气象法律、法规全面落实。积极开展多种形式的气象法制和气象科普宣传活动，让人民群众了解气象、认识气象、应用气象。

9.4 健全投入机制

紧密围绕人民群众需求和经济发展需要，建立和完善气象灾害防御经费投入机制，进一步加大对气象灾害监测预警、信息发布、应急指挥、防灾减灾工程、基础科学研究等方面的投入。各乡镇（开发区）以及旗水利、气象、农业、国土资源、林业、建设、交通等相关部门应加大对工程建设的投入，每年安排年度投入预算，提前安排"十二五规划"项目投资计划，报旗财政和旗发改委审核，并纳入旗乡两级财政以及经济社会发展计划。鼓励和引导企业、社会团体等对气象灾害防御经费的投入，多渠道筹集气象防灾减灾资金。充分发挥金融保险行业对灾害的救助、损失的转移分担和在恢复重建工作中的作用。

9.5 依托科技创新

气象灾害防御工作要紧紧围绕达拉特旗经济社会发展需求，开发和利用气候资源能力，集中力量开展科研攻关，努力实现气象科技新的突破，增强全社会防御和减轻气象灾害能力，适应和减缓气候变化能力，为保持经济社会平稳较快发展提供有力支撑。加强气象科技创新，增加气象科技投入，加大对气象领域高新技术开发研究的支持，加快气象科技成果的应用和推广。

9.6 促进合作联动

各部门、乡镇应加强合作联动，建立长效合作机制，实现资源共享，特别是气象灾害监测、预警和灾情信息的实时共享，促进气象防灾减灾能力不断提高，利用交流合作契机，丰富防灾减灾内涵。加强与院校的合作，促进资源信息共享和人才的合理有序流动。建设高素质气象科技队伍，扩大气象科技国内外交流与合作，促进气象事业全面协调可持续发展，为地方经济发展和防灾减灾提供强有力保障。

9.7 提高防灾意识

加强气象灾害防御宣传，组织开展内容丰富、形式多样的气象灾害防御知识宣传培训活动。报纸、电视、广播等新闻媒体要牢牢抓住灾害防御的特殊性、针对性和实效性，加强典型宣传，切实提高全民防灾意识。加强气象助理员和气象信息员队伍建设，做到乡镇有气象助理员，部门有气象联络员，行政村有气象信息员，负责气象灾害预警信息的接收传播以及灾情收集与上报、气象科普宣传等，协助当地政府和有关部门做好气象防灾减灾工作。

附　则

1. 本《规划》由达拉特旗人民政府批准实施；

2. 本《规划》由达拉特旗气象局负责解释；

3. 本《规划》附《达拉特旗气象灾害防御规划》文本全集和《达拉特旗气象灾害防御规划》图集；

4. 本《规划》自批准之日起生效。

参考文献

陆亚龙，肖功建.2001.气象灾害及其防御.北京：气象出版社

乌兰，乌兰巴特尔，李云鹏，等.2009.内蒙古自治区生态与农业气象服务体系研究.北京：气象出版社.80-185

章国材.2010.气象灾害风险评估和区划方法.北京：气象出版社

编后语

《达拉特旗气象灾害防御规划》在旗人民政府的关心重视下，在发改委、农牧、林业、水务、民政、国土、交通、规划、水保、电力、保险等相关部门的大力协助和支持下，通过编制组工作人员两年的共同努力，现经旗人民政府同意出版发行。

在《达拉特旗气象灾害防御规划》编写过程中，有关部门的领导和专家提供了大量相关资料并给予了指导，在此，对所有关心和支持本书编著和出版的领导、专家与单位，一并表示衷心的感谢！

限于时间和水平，书中错误和遗漏在所难免，敬请各位领导、专家及广大读者指正，并多提宝贵意见，以便我们今后及时勘误和完善。

编者

二〇一三年十月